Informazioni legali

Johannes Wild
Lohmaierstr. 7
94405 Landau
Deutschland

E-Mail: 3dtechworkshop@gmail.com
Numero di telefono: +4915257887206

Premessa

Grazie mille!

Grazie mille per aver scelto questo libro!

In questo libro troverete 66 grandi progetti che possono facilmente stampare con una stampante 3D (preferibilmente processo FDM). La cosa migliore è che tutti i file degli oggetti presentati sono scaricabili gratuitamente! Oltre all'ispirazione, questo libro ti dà anche preziosi consigli sulle impostazioni del software di affettatura e sulla stampa dei progetti. I progetti sono divisi in categorie e livelli di difficoltà. Troverete in questo libro da progetti molto facili, ma utili, a progetti molto elaborati e affascinanti. Lasciati ispirare, inizia subito e realizza tanti bei progetti!

Indice

Informazioni legali **1**

Premessa **1**

Indice **2**

1 Come ottenere il massimo da questo libro **5**

2 Generale: Utile e pratico **7**

2.1 Portachiavi 7

2.2 Fermasoldi (doppio) 10

2.3 Fermasoldi (singolo) 12

2.4 Supporto per sacchetto di plastica 14

2.5 Porta smartphone (pieghevole) 16

2.6 Portacavi 18

2.7 Tagliacarte / coltello da tasca 20

2.8 Portafoglio (minimal / smart wallet) 23

2.9 Coperchio della macchina fotografica (webcam) 26

2.10 Mnemonico (libro) 28

2.11 Spazzola per unghie 30

2.12 Fischio d'emergenza 32

2.13 Porta pagine del libro (con una sola mano) 34

2.14 Fermaporta (fiocco di neve) 36

2.15 Chip per carrello della spesa 38

2.16 Serratura della porta (stampata assemblata) 40

2.17 Scaffale per le cuffie 42

2.18 Moschettone 45

3 Casa: Cucina **47**

3.1 Macinacaffè manuale 47

3.2 Morsetto di chiusura (ad es. per sacchetti di plastica) 50

3.3 Pressa per caffè 52

3.4 Stencil caffè: Cuore 54
3.5 Stencil caffè: Fiocco di neve 56
3.6. Tagliabiscotti: Cupcake 58
3.7 Tagliabiscotti: Leone (3D) 60
3.8 Tagliabiscotti: Triceratops Dinosauro (3D) 62
3.9 Supporto di design per bottiglie di vino 64
3.10 Schiaccianoci (noce) 66
3.11 Tazza pad 69
3.12 Apribottiglie 71
3.13 Aiuto per l'apertura delle bottiglie PET 73
3.14 Maniglia per il trasporto di lattine 75

4 Casa: Bagno 77

4.1 Pettine 77
4.2 Spremiagrumi (es. tubi di dentifricio) 79

5 Arte e decorazione 81

5.1 Murale 2D: Elefante 81
5.2 Murale 2D: Albero 83
5.3 Cubo (grande) 85
5.4 Scultura: Fantasma con cappello da strega 87
5.5 Scultura: Tigre dai denti a sciabola 90
5.6 Decorazione: Rosa (fiore) 94
5.7 Scultura: cranio di T-Rex 96
5.8 Scultura: cranio umano 100
5.9 Scultura: cane "low poly" 103
5.10 Scultura: cavallo "low poly" 105
5.11 Vaso (a nido d'ape) 107

6 Giocattoli e giochi da tavolo 109

6.1 Quattro vittorie 109
6.2 "Air-Spinner" 112

1 Come ottenere il massimo da questo libro

Con l'aiuto di questo libro è possibile raccogliere un sacco di ispirazione per progetti di stampa 3D. Nelle pagine seguenti troverete alcuni progetti di stampa 3D selezionati per l'implementazione con una stampante 3D FDM ("Fused Deposition Modeling"). Ogni progetto include una foto e una descrizione dell'oggetto stampato e preziosi consigli individuali sulle impostazioni di taglio, sul posizionamento dei file e su come eseguire l'intero processo di stampa 3D. È possibile scaricare gratuitamente online i progetti presentati sotto forma di file ".stl". Il rispettivo link è dato.

Il software di affetatura (slicing) usato in questo libro è Cura di Ultimaker. Potete scaricare questo programma, anche gratuitamente, dal sito www.ultimaker.com (-> Products -> Ultimaker Cura). La maggior parte dei programmi di slicing offre caratteristiche molto simili, quindi potete ovviamente usare il vostro software preferito, come "Slic3r", "Simplify3D" o altri. Un profilo di stampa ottimizzato e tutte le impostazioni generali di affettatura possono essere trovate nell'appendice di questo libro. Per ogni progetto di stampa 3D, sono anche elencate tutte le impostazioni di affettatura che possono essere modificate individualmente per il progetto.

La stampante 3D utilizzata è una CR-10 di Creality. Questo funziona con il processo FDM. La serie CR-10 può essere altamente raccomandata per l'eccellente qualità di stampa e la facilità d'uso. Se vuoi comprare una stampante 3D, dovresti dare un'occhiata ai prodotti più recenti come la "CR-10S", la "CR10-X" o la "CR-10S Pro". Ulteriori descrizioni di questi dispositivi si possono trovare su https://de.creality3d.cn. Come filamento PLA(+) da "Sunlu" (o "3DHero") o anche "Tianse" è usato e raccomandato. Naturalmente, si può anche usare la stampante 3D che si può già possedere. Se non possiedi una stampante 3D né vuoi comprarla, ti consiglio di cercare un "Makerspace" nella tua zona o di usare i fornitori di servizi di stampa 3D (online).

Un makerspace è un luogo dove di solito vari e diversi dispositivi, come stampanti 3D, scanner laser o taglierine laser, sono liberamente

disponibili per i membri da utilizzare. Questi locali, allestiti come un'officina, offrono lo spazio necessario e le attrezzature giuste per realizzare i propri progetti. Scopri online dove si trova il Makerspace più vicino. Inoltre, puoi scoprire su www.3dhubs.com se un fornitore (privato) di stampa 3D nella tua zona accetta ordini di stampa 3D. Grazie a Internet, c'è la possibilità di avviare lavori di stampa con proprietari privati di stampa 3D del quartiere o con fornitori di servizi industriali commerciali. Ci sono spesso processi SLS e SLA offerti in aggiunta al processo FDM.
In alternativa, ci sono altri fornitori di servizi come "Protolabs" (www.protoblabs.com), "Shapeways" (www.shapeways.com) e altri.

Iniziamo con i progetti! I progetti sono divisi in diverse categorie e livelli di difficoltà per rendere il più facile possibile la lettura e soprattutto per trovare ottimi articoli in questo libro. Per ogni progetto c'è anche una scheda informativa con dati come il link per il download, il tempo di stampa, il livello di difficoltà, ecc.

denota il livello più difficile. L'aggiunta "+" serve se necessario come un ulteriore aumento del rispettivo grado di difficoltà.

I progetti delle seguenti categorie sono in attesa di essere stampati:

- Generale: Utile e pratico
- Casa: Cucina
- Casa: Bagno
- Arte e decorazione
- Giocattoli e giochi da tavolo
- Immagazzinamento
- Accessori per utensili
- Oggetti complessi (con funzione)
- Oggetti divertenti e vari

2 Generale: Utile e pratico

2.1 Portachiavi

2.1.1 Descrizione:

Difficoltà*:
Durata: **ca. 10 h**
Materiale: **ca. 81 g**

Scaricare gratis: Thingiverse
Ricerca per: „key holder"
Designer: „Ronniebravo10"
Link: https://www.thingiverse.com/thing:3286136
Materiale addizionale: portachiavi

* (su)

2.1.2 Suggerimenti per la modifica e il posizionamento:

Rotazione di tutti i singoli oggetti come nella vista della *Fig. 1*:

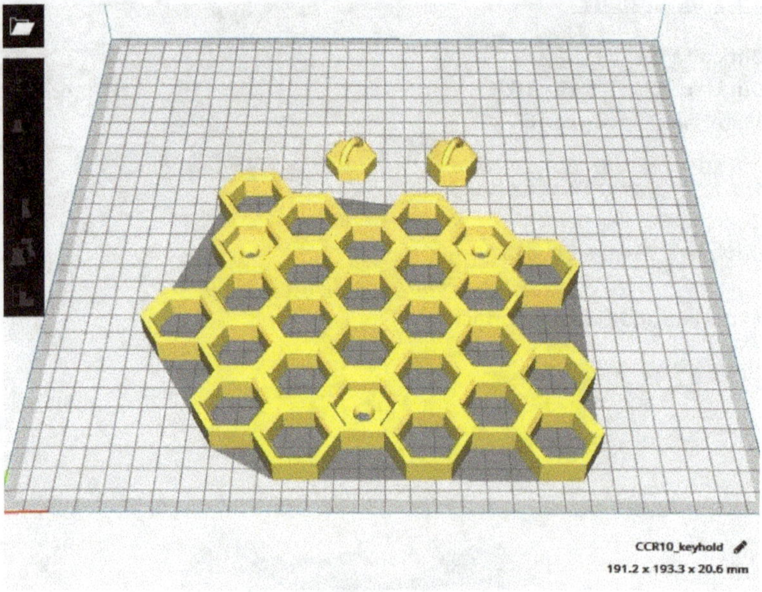

Figura 1: Vista di tutti i file da stampare

2.1.3 Combinazione raccomandata di file per stampa:

1) „Keyholder_version1" ***(Colore: ad es. nero)***
2) „Keyhold (=key)" ***(Colore: ad es. verde)***
3) „short (=key short)" ***(Colore: ad es. oro)***

2.1.4 Suggerimenti sulle impostazioni di affettatura per stampa:

„Keyholder_version1":
(Durata: ca. 7 h)

- Altezza dello strato: 0.2 mm
- Densità del riempimento: 20%
- Abilita stiratura?: si
- Supporto?: senza
- Tipo di adesione: Skirt (2 Linee, 5 mm di distanza)

„keyhold (=key)“:
(Durata: ca. 2 h a 5 unità) | **ridimensionare dell'1% se troppo grande**

- **Numero: ad es. 5 pezzi**
- Altezza dello strato: 0.12 mm
- Densità del riempimento: 20%
- Abilita stiratura?: si
- Supporto?: senza
- Tipo di adesione: Skirt (2 Linee, 5 mm di distanza)

„short (=key short)“:
(Durata: totale ca. 1 h) | **ridimensionare dell'1% se troppo grande**

- **Numero: 3 pezzi**
- Altezza dello strato: 0.12 mm
- Densità del riempimento: 20%
- Abilita stiratura?: si
- Supporto?: senza
- Tipo di adesione: Skirt (2 Linee, 5 mm di distanza)

2.1.5 Posizionamento sul piano di stampa (per stampa):

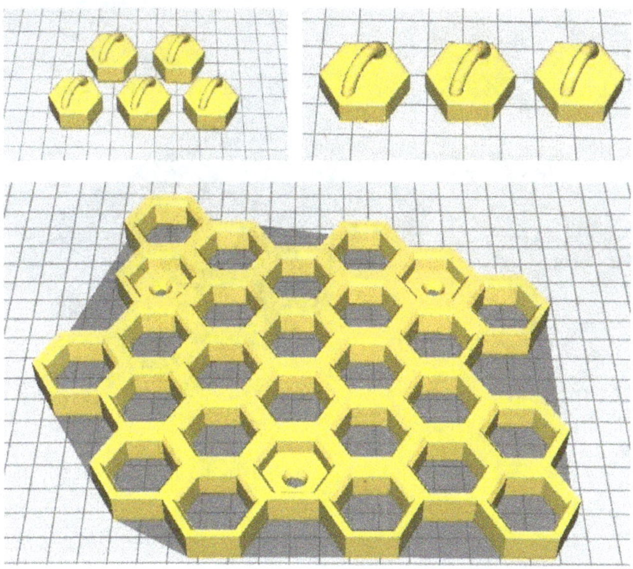

Figura 2: Lavori di stampa (1 immagine = 1 lavoro di stampa)

2.2 Fermasoldi (doppio)

2.2.1 Descrizione:

Difficoltà*:
Durata: **ca. 2 h**
Materiale: **ca. 14 g**

Scaricare gratis: Thingiverse
Ricerca per: „double money clip“
Designer: „kenversus“
Link: *https://www.thingiverse.com/thing:2832388*
Materiale addizionale: soldi ;)

* (su)

„keyhold (=key)":
(Durata: ca. 2 h a 5 unità) | **ridimensionare dell'1% se troppo grande**

- **Numero: ad es. 5 pezzi**
- Altezza dello strato: 0.12 mm
- Densità del riempimento: 20%
- Abilita stiratura?: si
- Supporto?: senza
- Tipo di adesione: Skirt (2 Linee, 5 mm di distanza)

„short (=key short)":
(Durata: totale ca. 1 h) | **ridimensionare dell'1% se troppo grande**

- **Numero: 3 pezzi**
- Altezza dello strato: 0.12 mm
- Densità del riempimento: 20%
- Abilita stiratura?: si
- Supporto?: senza
- Tipo di adesione: Skirt (2 Linee, 5 mm di distanza)

2.1.5 Posizionamento sul piano di stampa (per stampa):

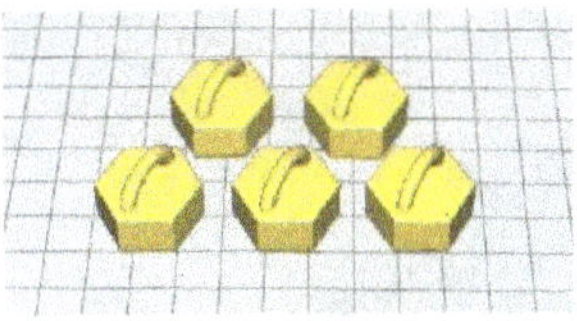

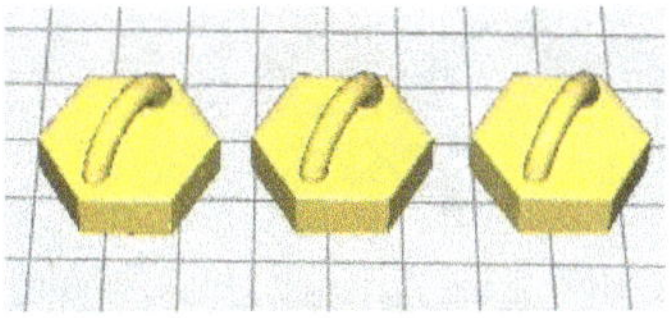

Figura 2: Lavori di stampa (1 immagine = 1 lavoro di stampa)

2.2 Fermasoldi (doppio)

2.2.1 Descrizione:

Difficoltà*:

Durata: **ca. 2 h**

Materiale: **ca. 14 g**

Scaricare gratis: Thingiverse

Ricerca per: „double money clip"

Designer: „kenversus"

Link: https://www.thingiverse.com/thing:2832388

Materiale addizionale: soldi ;)

* (su)

2.2.2 Suggerimenti per la modifica e il posizionamento:

ad es. „3D_Printed_Double_Money_Clip" come nella *Fig. 3:*

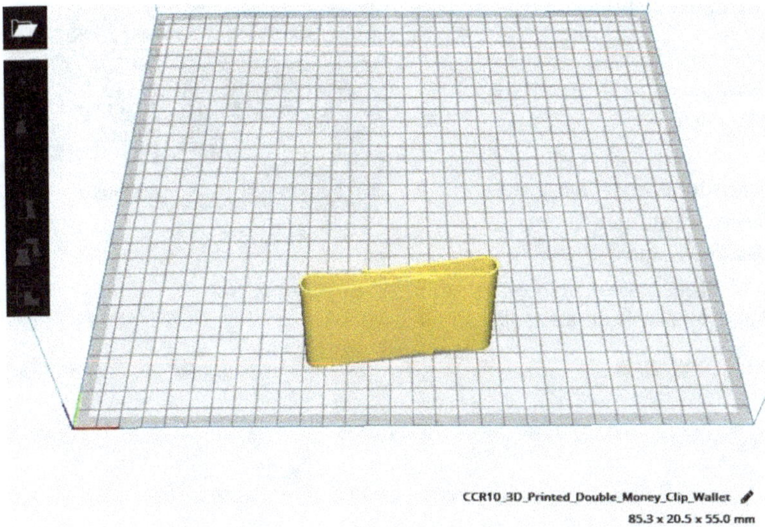

Figura 3: Vista di tutti i file da stampare (1x volte ciascuno)

2.2.3 Suggerimenti sulle impostazioni di affettatura per stampa:

„3D Printed Double Money Clip":
(Durata: ca. 2 h)

- **Colore: ad es. nero o oro**
- Altezza dello strato: 0.12 mm
- Densità del riempimento: 100%
- Abilita stiratura?: si
- Supporto?: senza
- Tipo di adesione: Brim (Larghezza: 6 mm; Linee: 15; interno: no)

2.3 Fermasoldi (singolo)

2.3.1 Descrizione:

Difficoltà*:

Durata: ca. 2,5 h

Materiale: ca. 7 g

Scaricare gratis: Thingiverse

Ricerca per: „money clips"

Designer: „Ysoft_be3D"

Link: https://www.thingiverse.com/thing:1385206/files

Materiale addizionale: soldi ;)

* (su)

2.3.2 Suggerimenti per la modifica e il posizionamento:

2 varianti come nella *Fig. 4:*

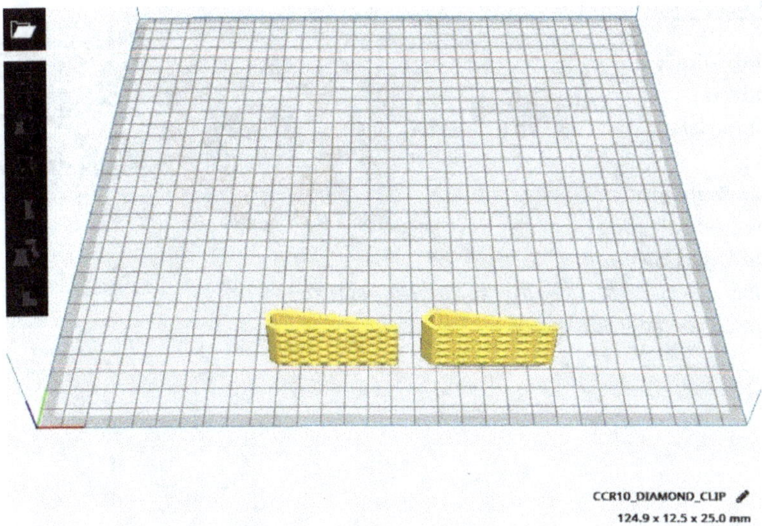

Figura 4: Vista di tutti i file da stampare (1x volte ciascuno)

2.3.3 Suggerimenti sulle impostazioni di affettatura per stampa:

„3D Printed Double Money Clip“:
(**Durata: totale ca. 2,5 h per entrambe varianti**)

- **Colore: ad es. nero o oro**
- Altezza dello strato: 0.12 mm
- Densità del riempimento: 100%
- Abilita stiratura?: si
- Supporto?: senza
- Tipo di adesione: Brim (Larghezza: 6 mm; Linee: 15; interno: no)

2.4 Supporto per sacchetto di plastica

2.4.1 Descrizione:

Difficoltà*:
Durata: **ca. 3 h**
Materiale: **ca. 30 g**

Scaricare gratis: Thingiverse
Ricerca per: „bag holder"
Designer: „ivanseidel"
Link: https://www.thingiverse.com/thing:26767
Materiale addizionale: ---

* (su)

2.4.2 Suggerimenti per la modifica e il posizionamento:

Posizionamento sul piano di stampa come nella *Fig. 5:*

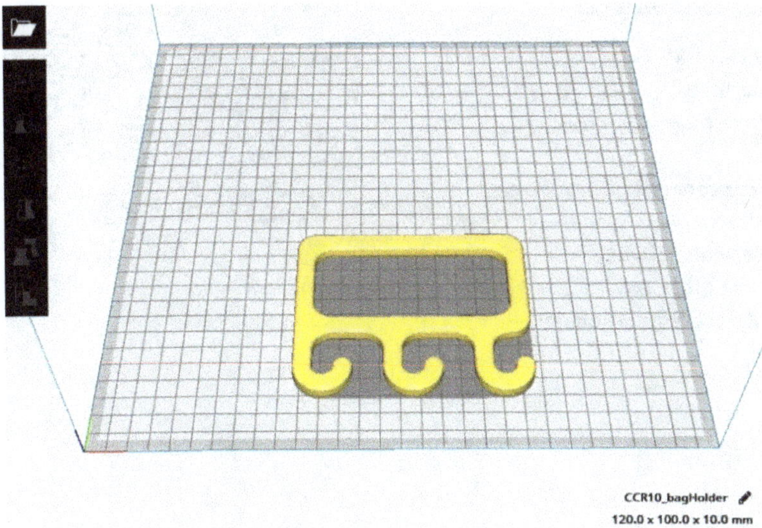

Figura 5: Vista di tutti i file da stampare (1x volte ciascuno)

2.4.3 Suggerimenti sulle impostazioni di affettatura per stampa:

„bagHolder“:
(Durata: ca. 3 h)

- **Colore: ad es. nero**
- Altezza dello strato: 0.16 mm
- Densità del riempimento: 50%
- Abilita stiratura?: si
- Supporto?: senza
- Tipo di adesione: Skirt (2 Linee, 5 mm di distanza)

2.5 Porta smartphone (pieghevole)

2.5.1 Descrizione:

Difficoltà*:

Durata: ca. 2 h

Materiale: ca. 29 g

Scaricare gratis: Thingiverse

Ricerca per: „foldable phone stand"

Designer: „Duals"

Link: https://www.thingiverse.com/thing:3482186

Materiale addizionale: ---

* (su)

6.3 Puzzle: mondo animale ... 114
6.4 Nodo gordiano ... 116
6.5 Gioco da tavolo: Scacchi (curvo) ... 118
6.6 Giocattolo: aeroplano con elica ... 123
7 Immagazzinamento ... 127
7.1 Supporto per scheda SD ... 127
7.2 Gancio per asciugamani ... 129
7.3 Supporto per le borse della spesa in macchina ... 131
7.4 Ciotola ... 134
8 Accessori per utensili ... 136
8.1 Attacco per l'aspirapolvere ... 136
8.2 Supporto per pinze ... 139
8.3 Vise ... 142
8.4 Piattaforma di sollevamento (stampato assemblato) ... 146
9 Oggetti complessi (con funzione) ... 148
9.1 Orologio da parete (puramente meccanico e funzionale) ... 148
9.2 Lampada Luxo Jr. (Pixar) ... 153
10 Oggetti divertenti e altro ... 157
10.1 Cryptex ... 157
10.2 Api Hotel ... 161
10.3 Farfalla (mobile) ... 163
10.4 Scatola regalo (chiudibile a chiave) ... 165
10.5 Mini catapulta ... 169
10.6 Portachiavi: Cuore ... 171
10.7 Cuscinetto a sfera (funzionale) ... 173
11 Parole di chiusura ... 175
Appendice: Impostazioni del profilo di stampa 3D ... 176

2.5.2 Suggerimenti per la modifica e il posizionamento:

Posizionamento sul piano di stampa come nella *Fig. 6:*

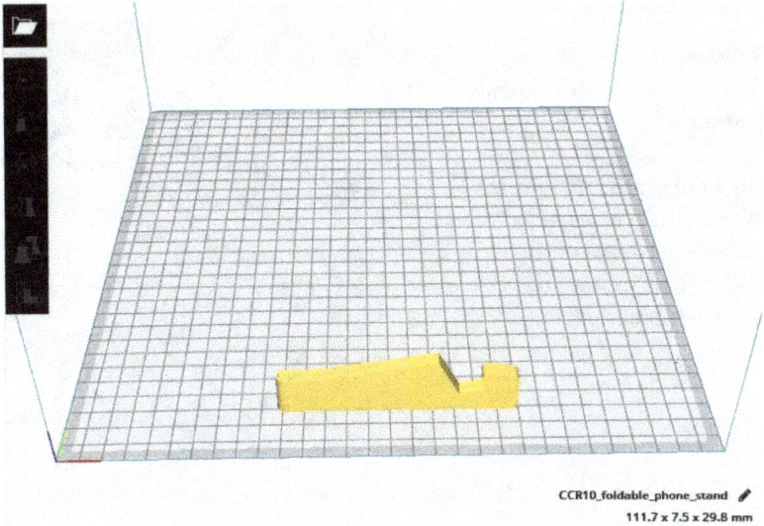

Figura 6: Vista di tutti i file da stampare (1x volte ciascuno)

2.5.3 Suggerimenti sulle impostazioni di affettatura per stampa:

„foldable phone stand":
(Durata: ca. 2 h)

- **Colore: ad es. nero**
- Altezza dello strato: 0.12 mm
- Densità del riempimento: 20%
- Abilita stiratura?: no
- Supporto?: senza
- Tipo di adesione: Skirt (2 Linee, 5 mm di distanza)

Fate attenzione quando lo aprite per la prima volta! Se necessario, rimuovere il filamento in eccesso dalla cerniera con un coltello.

2.6 Portacavi

2.6.1 Descrizione:

Difficoltà*:

Durata: **ca. 40 min**

Materiale: **ca. 5 g**

Scaricare gratis: Thingiverse

Ricerca per: „cable holder"

Designer: „bardiaesm"

Link: [*https://www.thingiverse.com/thing:70549*](https://www.thingiverse.com/thing:70549)

Materiale addizionale: ---

* (su)

2.6.2 Suggerimenti per la modifica e il posizionamento:

Posizionamento sul piano di stampa come nella *Fig. 7:*

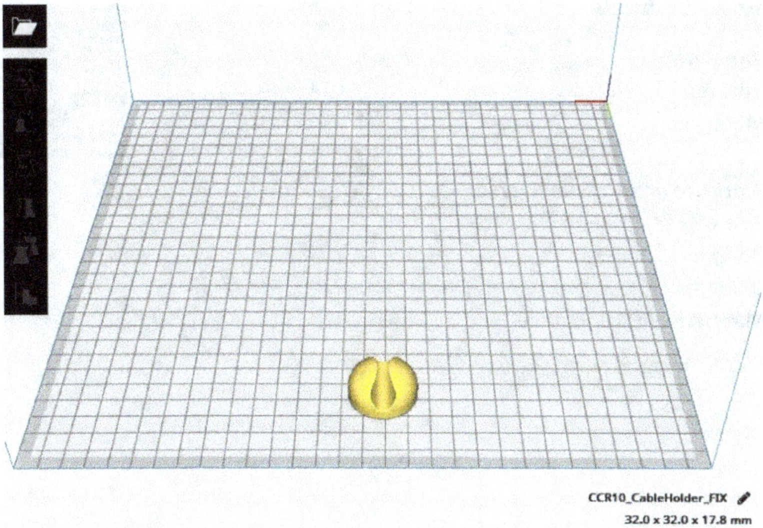

Figura 7: Vista di tutti i file da stampare (1x volte ciascuno)

2.6.3 Suggerimenti sulle impostazioni di affettatura per stampa:

„CableHolder FIX“:
(Durata: ca. 40 min)

- **Colore: ad es. cambiando per pezzo**
- Altezza dello strato: 0.12 mm
- Densità del riempimento: 25 %
- Abilita stiratura?: no
- Supporto?: senza
- Tipo di adesione: Skirt (2 Linee, 5 mm di distanza)

2.7 Tagliacarte / coltello da tasca

2.7.1 Descrizione:

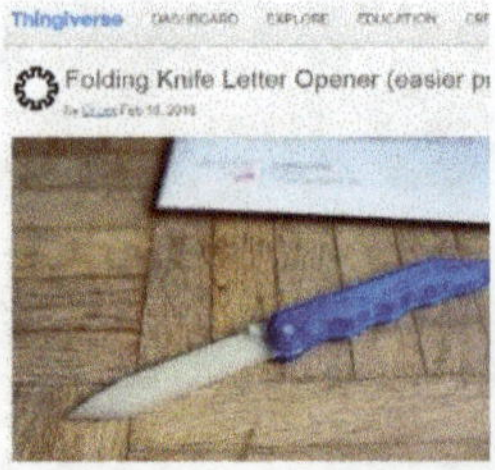

Difficoltà*:

Durata: **ca. 2,5 h**

Materiale: **ca. 11 g**

Scaricare gratis: Thingiverse

Ricerca per: „folding knife letter"

Designer: „DRLex"

Link: https://www.thingiverse.com/thing:2789193

Materiale addizionale: ---

* (su)

2.7.2 Suggerimenti per la modifica e il posizionamento:

Rotazione di tutti i singoli oggetti come nella vista della *Fig. 8*:

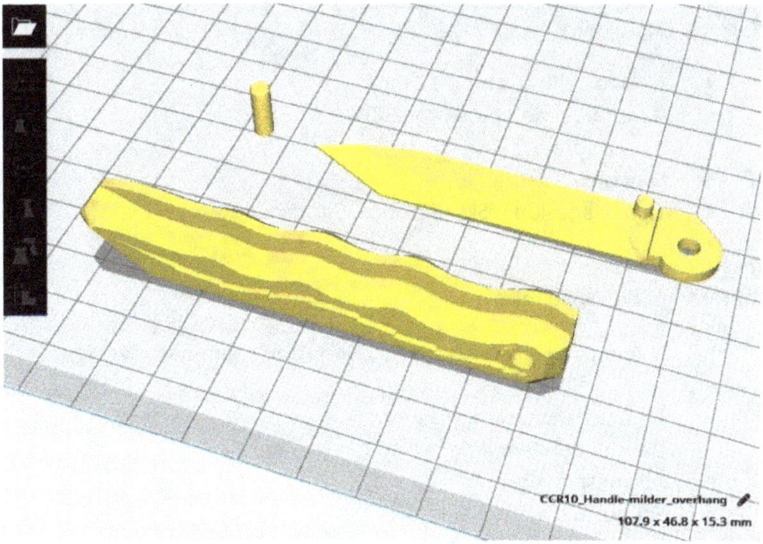

Figura 8: Vista di tutti i file da stampare (1x volte ciascuno)

2.7.3 Combinazione per lavoro di stampa (o singolo):

1) „Handle-milder_overhang“ ***(Colore: ad es. nero)***
2) „Blade“ (in alternativa „Blade-serated“ = lama seghettata) ***(Colore: ad es. grigio)***
3) „pin” (inoltre „pin-fatter” & „pin-narrower” a seconda della stampante) ***(Colore: ad es. grigio)***

2.7.4 Suggerimenti sulle impostazioni di affettatura per stampa:

„Handle-milder_overhang“:
(**Durata: ca. 1,5 h**)

- Altezza dello strato: 0.12 mm
- Densità del riempimento: 35%
- Abilita stiratura?: no
- Supporto?: senza

- Tipo di adesione: Skirt (2 Linee, 5 mm di distanza)

„Blade“ (in alternativa „Blade-serated“):
(Durata: ca. 20 min)

- Altezza dello strato: 0.12 mm
- Densità del riempimento: 100%
- Abilita stiratura?: si
- Supporto?: senza
- Tipo di adesione: Skirt (2 Linee, 5 mm di distanza)

„pin“:
(Durata: totale ca. 20 min)

- **Numero: 1x ciascuno „pin“, „pin-fatter“, „pin-narrower“, per ottenere più appropriato.**
- Altezza dello strato: 0.12 mm
- Densità del riempimento: 100%
- Abilita stiratura?: si
- Supporto?: senza
- Tipo di adesione: Brim (Larghezza: 8 mm; Linee: 20; interno: no)

2.7.5 Posizionamento sul piano di stampa (per stampa):

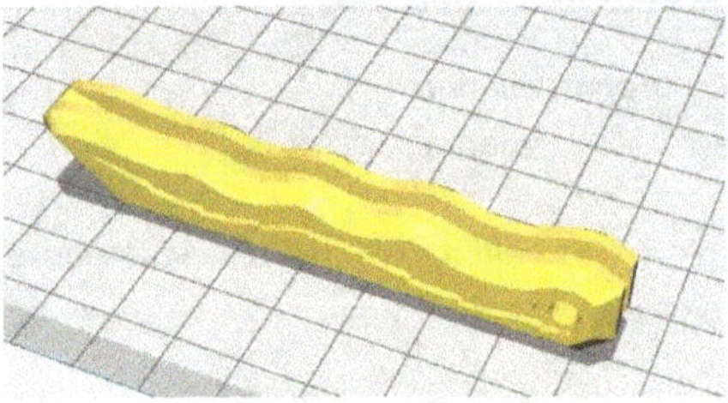
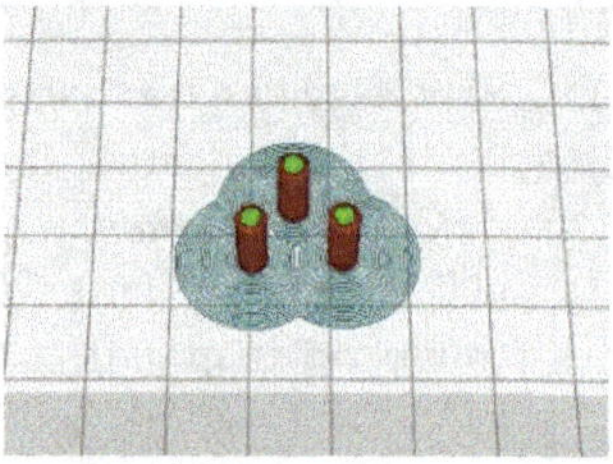
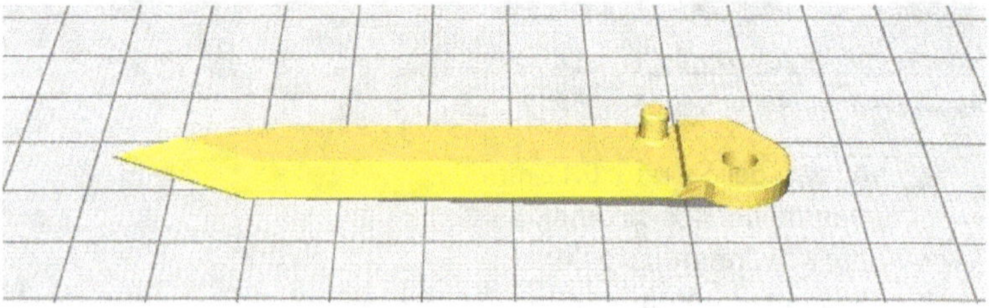

Figura 9: Lavori di stampa (1 immagine = 1 lavoro di stampa)

2.8 Portafoglio (minimal / smart wallet)

2.8.1 Descrizione:

Difficoltà*:

Durata: ca. 6 h

Materiale: ca. 35 g

Scaricare gratis: Thingiverse

Ricerca per: „smart wallet"

Designer: „b03tz"

Link: https://www.thingiverse.com/thing:3097272

Materiale addizionale: ---

* (su)

2.8.2 Suggerimenti per la modifica e il posizionamento:

Rotazione di tutti i singoli oggetti come nella vista della *Fig. 10:*

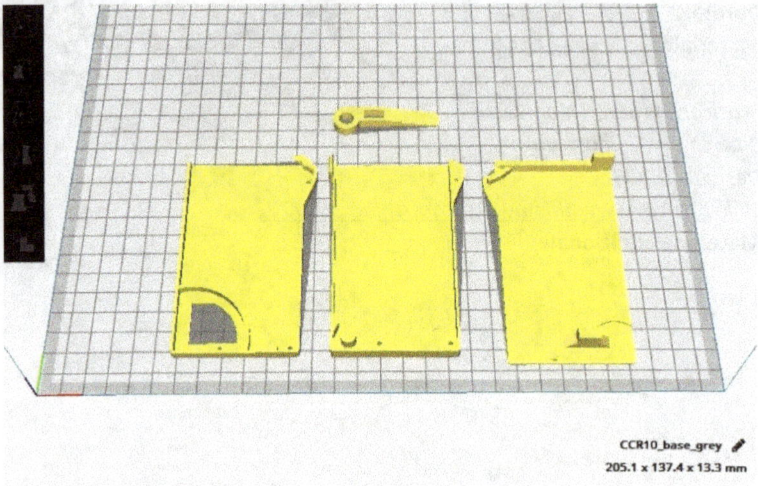

Figura 10: Vista di tutti i file da stampare (1x volte ciascuno)

2.8.3 Combinazione per lavoro di stampa (o singolo):

1) „base_grey“ & „lid_grey“ ***(Colore: ad es. nero)***
2) „lever“ & „change_compartment_orange“ ***(Colore: ad es. blu)***

2.8.4 Suggerimenti sulle impostazioni di affettatura per stampa:

„base_grey“ & „lid_grey“:
(Durata: ca. 4 h)

- Altezza dello strato: 0.12 mm
- Densità del riempimento: 25%
- Abilita stiratura?: si
- Supporto?: senza
- Tipo di adesione: Skirt (2 Linee, 5 mm di distanza)

„lever" & „change compartment orange":
(Durata: ca. 2 h)

- Altezza dello strato: 0.12 mm
- Densità del riempimento: 25%
- Abilita stiratura?: si
- Supporto?: senza
- Tipo di adesione: Skirt (2 Linee, 5 mm di distanza)

2.8.5 Posizionamento sul piano di stampa (per stampa):

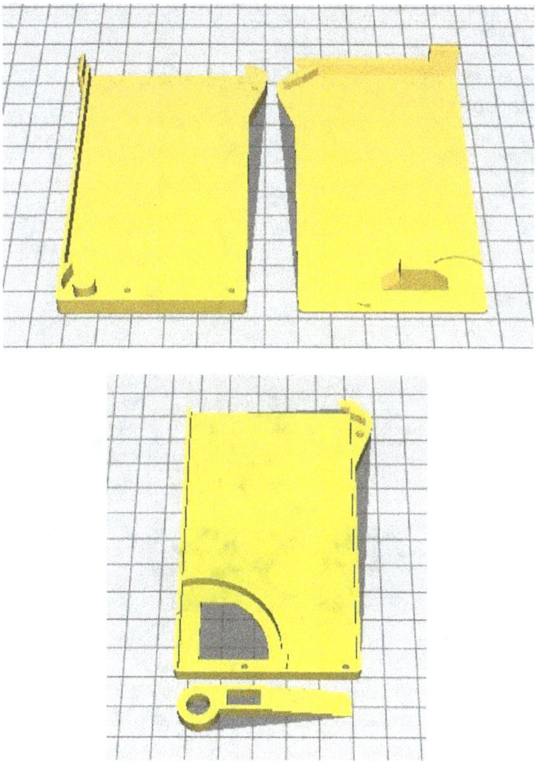

Figura 11: Lavori di stampa (1 immagine = 1 lavoro di stampa)

2.9 Coperchio della macchina fotografica (webcam)

2.9.1 Descrizione:

Difficoltà*:
Durata: **ca. 10 min**
Materiale: **ca. 1 g**

Scaricare gratis: Thingiverse
Ricerca per: „webcam cover"
Designer: „revensanchez"
Link: https://www.thingiverse.com/thing:3215422
Materiale addizionale: ---

* (su)

2.9.2 Suggerimenti per la modifica e il posizionamento:

„webcam_cover" come nella *Fig. 12*

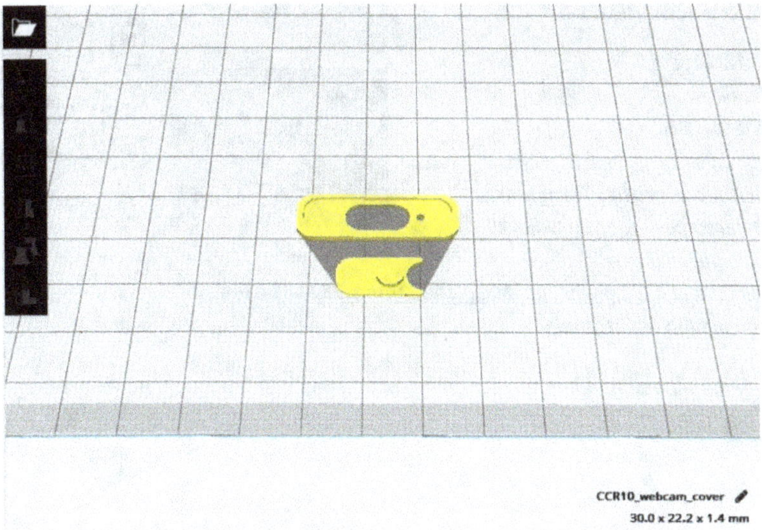

Figura 12: Vista di tutti i file da stampare (1x volte ciascuno)

2.9.3 Suggerimenti sulle impostazioni di affettatura per stampa:

„webcam_cover":
(Durata: ca. 10 min)

- **Colore: ad es. nero o oro**
- Altezza dello strato: 0.12 mm
- Densità del riempimento: 100%
- Abilita stiratura?: si
- Supporto?: senza
- Tipo di adesione: Skirt (2 Linee, 5 mm di distanza)

2.10 Mnemonico (libro)

2.10.1 Descrizione:

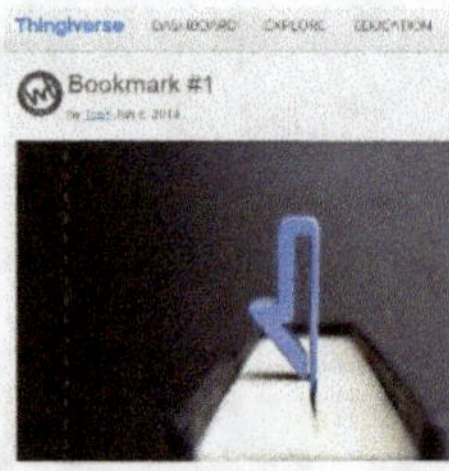

Difficoltà*:
Durata: **ca. 0,5 h**
Materiale: **ca. 3 g**

Scaricare gratis: Thingiverse
Ricerca per: „bookmark #1"
Designer: „Tosh"
Link: https://www.thingiverse.com/thing:357481
Materiale addizionale: ---

* (su)

2.10.2 Suggerimenti per la modifica e il posizionamento:

„bookmark1" come nella *Fig. 13:*

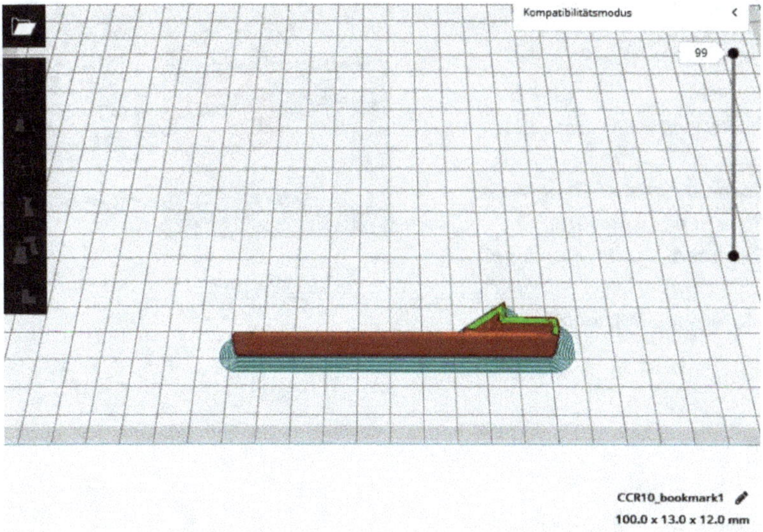

Figura 13: Vista di tutti i file da stampare (1x volte ciascuno)

2.10.3 Suggerimenti sulle impostazioni di affettatura per stampa:

„bookmark1":
(Durata: ca. 0,5 h)

- **Colore: ad es. blu**
- Altezza dello strato: 0.12 mm
- Densità del riempimento: 100%
- Abilita stiratura?: si
- Supporto?: senza
- Tipo di adesione: Brim (Larghezza: 6 mm; Linee: 10; interno: no)

2.11 Spazzola per unghie

2.11.1 Descrizione:

Difficoltà*:
Durata: **ca. 2 h**
Materiale: **ca. 28 g**

Scaricare gratis: Thingiverse
Ricerca per: „nail brush“
Designer: „Turbo_SunShine“
Link: https://www.thingiverse.com/thing:3355727/files
Materiale addizionale: ---

* (su)

2.11.2 Suggerimenti per la modifica e il posizionamento:

Posizionamento sul piano di stampa come nella *Fig. 14:*

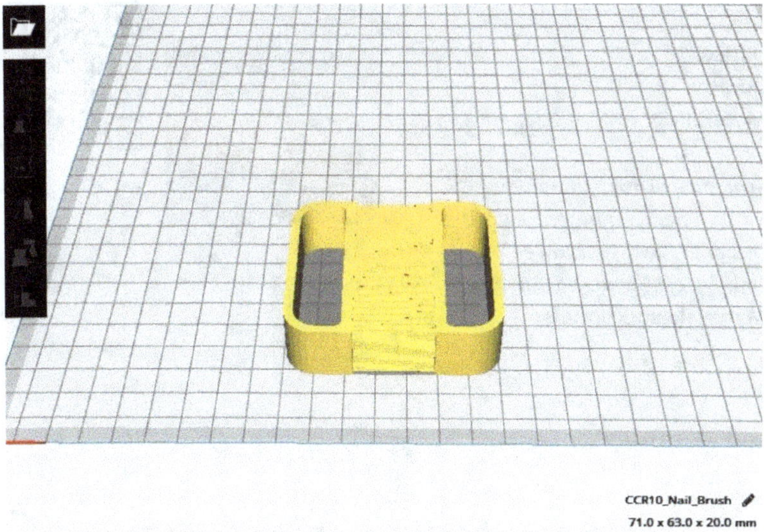

Figura 14: Vista di tutti i file da stampare (1x volte ciascuno)

2.11.3 Suggerimenti sulle impostazioni di affettatura per stampa:

„Nail Brush":
(Durata: ca. 2 h)

- **Colore: ad es. blu**
- Altezza dello strato: 0.2 mm
- Densità del riempimento: 20 %
- Abilita stiratura?: no
- Supporto?: senza
- Tipo di adesione: Skirt (2 Linee, 5 mm di distanza)

2.12 Fischio d'emergenza

2.12.1 Descrizione:

Difficoltà*:
Durata: **ca. 1 h**
Materiale: **ca. 5 g**

Scaricare gratis: Thingiverse
Ricerca per: „emergency whistle"
Designer: „whistleblower"
Link: https://www.thingiverse.com/thing:2933021
Materiale addizionale: ---

* (su)

2.12.2 Suggerimenti per la modifica e il posizionamento:

Rotazione di tutti i singoli oggetti come nella vista della *Fig. 15*:

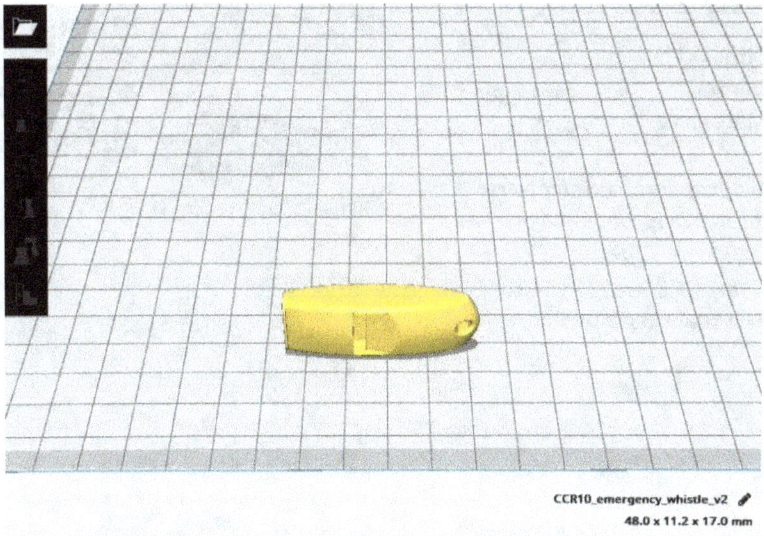

Figura 15: Vista di tutti i file da stampare (1x volte ciascuno)

2.12.3 Suggerimenti sulle impostazioni di affettatura per stampa:

„emergency whistle v2" :
(**Durata: ca. 1 h**)

- **Colore: ad es. verde**
- Altezza dello strato: 0.12 mm
- Densità del riempimento: 100 %
- Abilita stiratura?: si
- Supporto?: no
- Tipo di adesione: Skirt (2 Linee, 5 mm di distanza)

2.13 Porta pagine del libro (con una sola mano)

2.13.1 Descrizione:

Difficoltà*:
Durata: **ca. 45 min**
Materiale: **ca. 5 g**

Scaricare gratis: Thingiverse
Ricerca per: „pages holder "
Designer: „Cruele"
Link: https://www.thingiverse.com/thing:1503676
Materiale addizionale: ---

* (su)

2.13.2 Suggerimenti per la modifica e il posizionamento:

Rotazione di tutti i singoli oggetti come nella vista della *Fig. 16:*

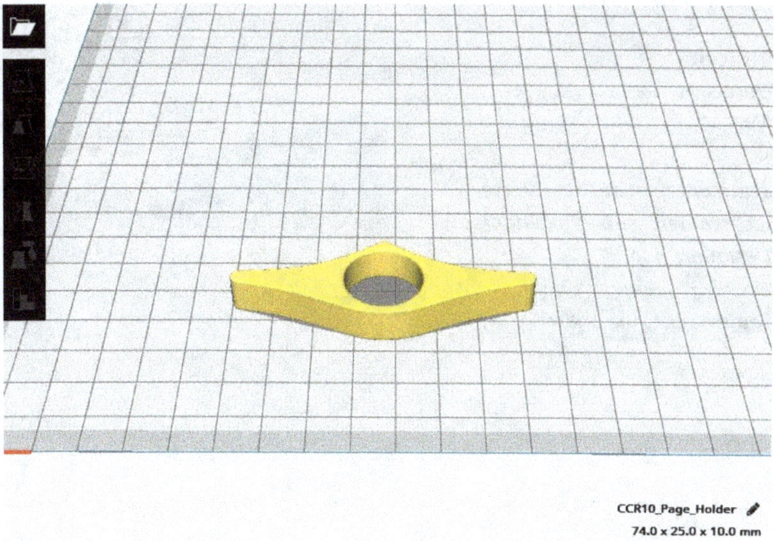

Figura 16: Vista di tutti i file da stampare (1x volte ciascuno)

2.13.3 Suggerimenti sulle impostazioni di affettatura per stampa:

„Page Holder“:
(**Durata: ca. 45 min**)

- **Colore: ad es. blu**
- Altezza dello strato: 0.12 mm
- Densità del riempimento: 25 %
- Abilita stiratura?: si
- Supporto?: no
- Tipo di adesione: Skirt (2 Linee, 5 mm di distanza)

2.14 Fermaporta (fiocco di neve)

2.14.1 Descrizione:

Difficoltà*:
Durata: **ca. 4,5 h**
Materiale: **ca. 45 g**

Scaricare gratis: Thingiverse
Ricerca per: „snowflake doorstop"
Designer: „fsp"
Link: https://www.thingiverse.com/thing:2762576
Materiale addizionale: ---

* (su)

2.14.2 Suggerimenti per la modifica e il posizionamento:

Rotazione di tutti i singoli oggetti come nella vista della *Fig. 17:*

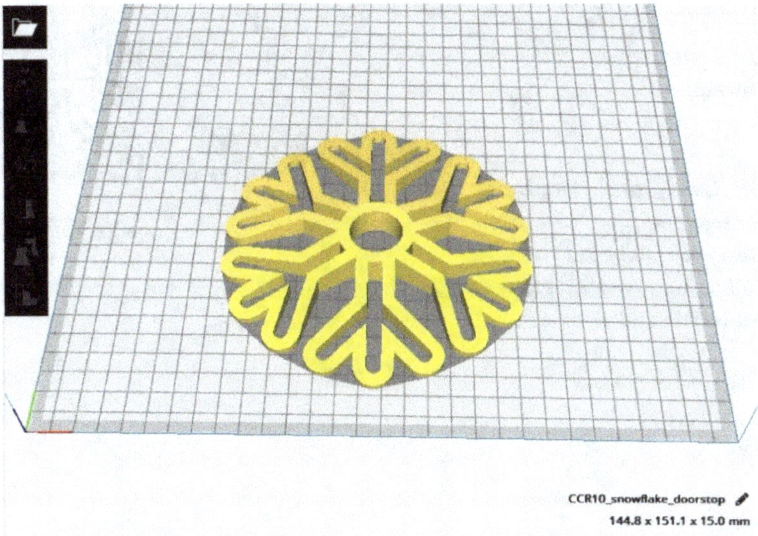

Figura 17: Vista di tutti i file da stampare (1x volte ciascuno)

2.14.3 Suggerimenti sulle impostazioni di affettatura per stampa:

„snowflake doorstop“:
(**Durata: ca. 4,5 h**)

- **Colore: ad es. blu**
- Altezza dello strato: 0.2 mm
- Densità del riempimento: 20 %
- Abilita stiratura?: si
- Supporto?: no
- Tipo di adesione: Skirt (2 Linee, 5 mm di distanza)

2.15 Chip per carrello della spesa

2.15.1 Descrizione:

Difficoltà*:
Durata: **ca. 0,5 h**
Materiale: **ca. 4 g**

Scaricare gratis: Thingiverse
Ricerca per: „euro cart token"
Designer: „Rubertel"
Link: [*https://www.thingiverse.com/thing:2387874*](https://www.thingiverse.com/thing:2387874)
Materiale addizionale: ---

* (su)

2.15.2 Suggerimenti per la modifica e il posizionamento:

Rotazione di tutti i singoli oggetti come nella vista della *Fig. 18*:

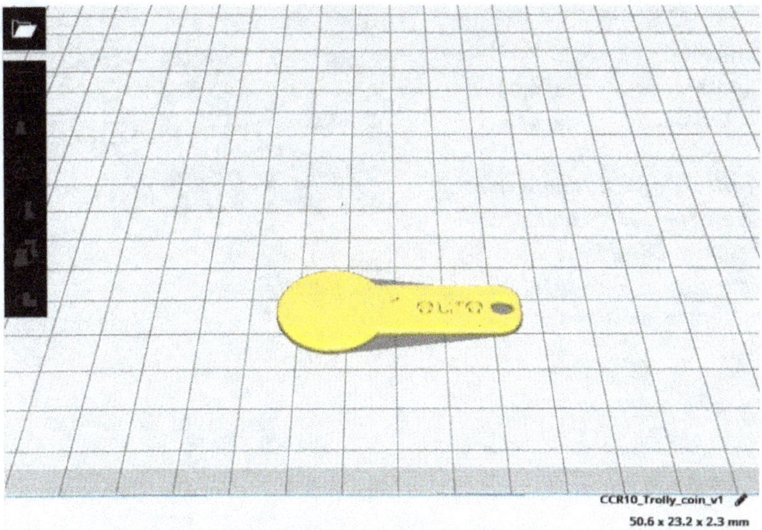

Figura 18: Vista di tutti i file da stampare (1x volte ciascuno)

2.15.3 Suggerimenti sulle impostazioni di affettatura per stampa:

„Trolly_coin_v1":
(**Durata: ca. 0,5 h**)

- **Colore: ad es. verde, rosso**
- Altezza dello strato: 0.12 mm
- Densità del riempimento: 35 %
- Abilita stiratura?: si
- Supporto?: no
- Tipo di adesione: Skirt (2 Linee, 5 mm di distanza)

2.16 Serratura della porta (stampata assemblata)

2.16.1 Descrizione:

Difficoltà*:

Durata: **ca. 4,5 h**

Materiale: **ca. 44 g**

Scaricare gratis: Thingiverse

Ricerca per: „door bolt"

Designer: „Bogul"

Link: https://www.thingiverse.com/thing:1596180

Materiale addizionale: ---

* (su)

2.16.2 Suggerimenti per la modifica e il posizionamento:

Rotazione di tutti i singoli oggetti come nella vista della *Fig. 19:*

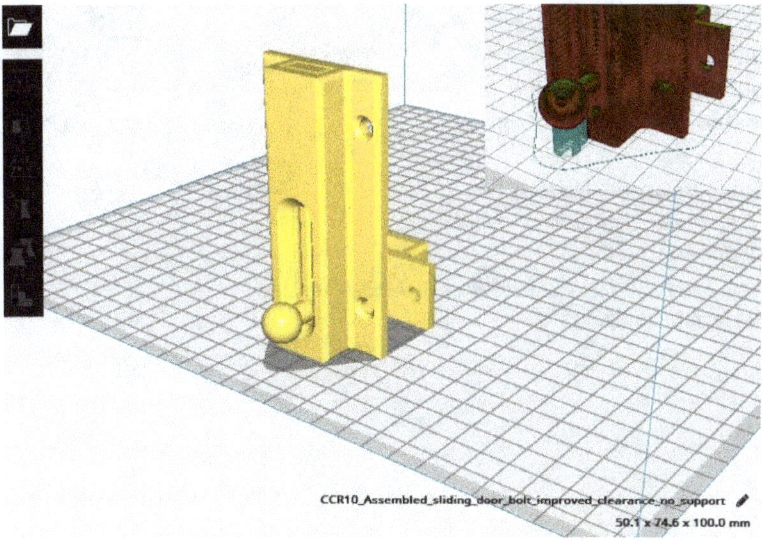

Figura 19: Vista di tutti i file da stampare (1x volte ciascuno)

2.16.3 Suggerimenti sulle impostazioni di affettatura per stampa:

„Assembled sliding door bolt improved clearance no support":
(**Durata: ca. 4,5 h**)

- **Colore: ad es. verde**
- Altezza dello strato: 0.2 mm
- Densità del riempimento: 25 %
- Abilita stiratura?: si
- **Supporto?: si (angolo: 60°, densità: 15 %, Posizionamento: solo contatto con il piano) vedi *Fig. 19***
- Tipo di adesione: Skirt (2 Linee, 5 mm di distanza)

2.17 Scaffale per le cuffie

2.17.1 Descrizione:

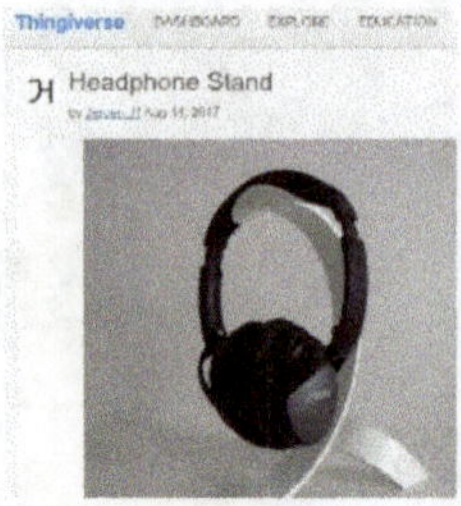

Difficoltà*: ++

Durata: ca. 8 h

Materiale: ca. 47 g

Scaricare gratis: Thingiverse

Ricerca per: „headphone stand“

Designer: „Jeroen_H“

Link: https://www.thingiverse.com/thing:2483037

Materiale addizionale: ---

* (su)

2.17.2 Suggerimenti per la modifica e il posizionamento:

Rotazione di tutti i singoli oggetti come nella vista della *Fig. 20:*

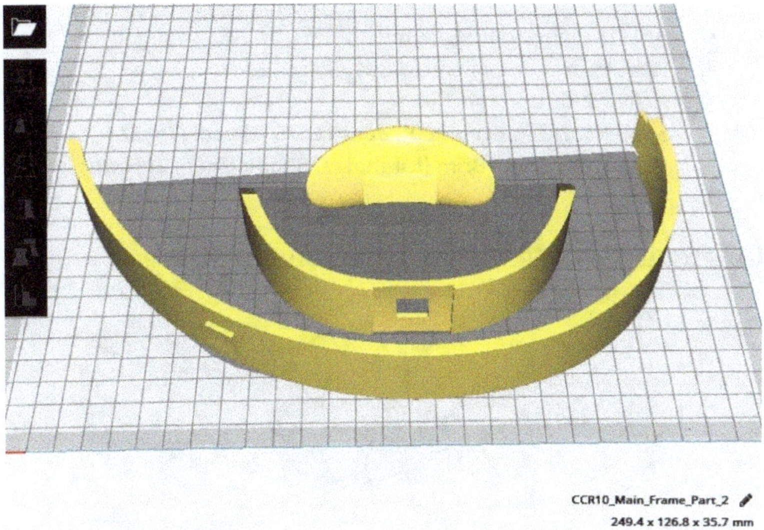

Figura 20: Vista di tutti i file da stampare (1x volte ciascuno)

2.17.3 Combinazione per lavoro di stampa (o singolo):

1) „Main_Frame_Part_1" & „Main_Frame_Part_2"
   (Colore: ad es. oro)
2) „Headphone_Rest" ***(Colore: ad es. oro)***

2.17.4 Suggerimenti sulle impostazioni di affettatura per stampa:

„Main Frame Part 1" & „Main Frame Part 2":
(**Durata: ca. 7 h**)

- Altezza dello strato: 0.16 mm
- Densità del riempimento: 25 %
- Abilita stiratura?: si
- Supporto?: no
- Tipo di adesione: Skirt (2 Linee, 5 mm di distanza)

„Headphone Rest":
(Durata: ca. 1 h)

- Altezza dello strato: 0.16 mm
- Densità del riempimento: 25 %
- Abilita stiratura?: no
- **Supporto?: si (angolo: 60°, densità: 15 %) vedi *Fig. 21***
- **Tipo di adesione: Brim (Larghezza: 8 mm; Linee: 20; interno: si)**

2.17.5 Posizionamento sul piano di stampa (per stampa):

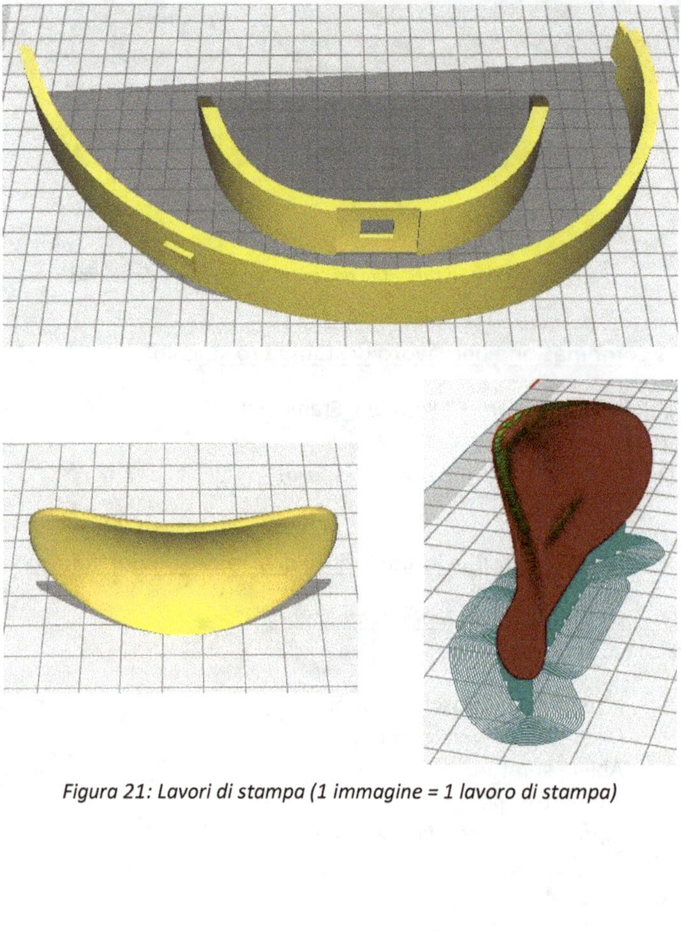

Figura 21: Lavori di stampa (1 immagine = 1 lavoro di stampa)

2.18 Moschettone

2.18.1 Descrizione:

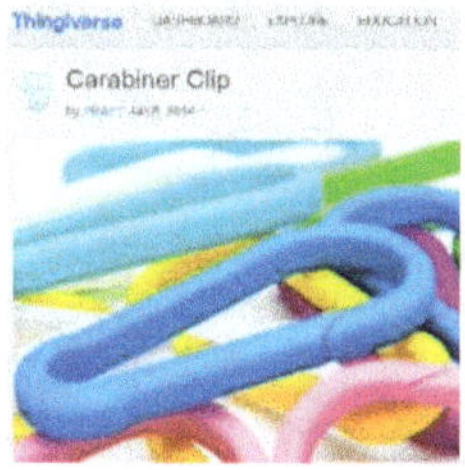

Difficoltà*:
Durata: **ca. 1 h**
Materiale: **ca. 8 g**

Scaricare gratis: Thingiverse
Ricerca per: „carabiner clip"
Designer: „ZRAFT"
Link: https://www.thingiverse.com/thing:221727
Materiale addizionale: ---

* (su)

2.18.2 Suggerimenti per la modifica e il posizionamento:

Rotazione di tutti i singoli oggetti come nella vista della *Fig. 22*:

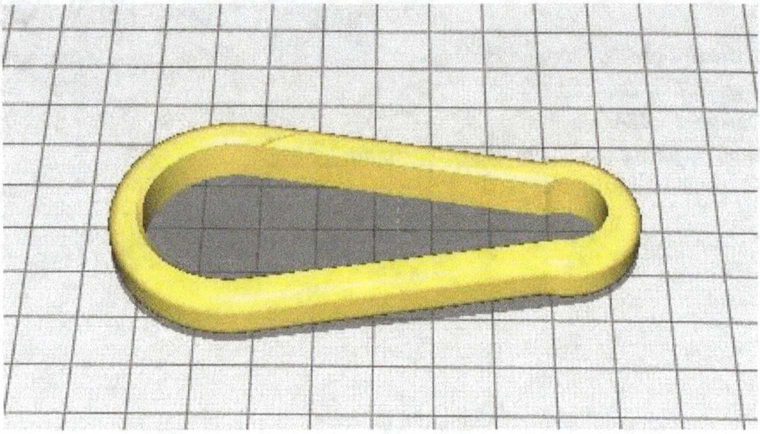

Figura 22: Vista di tutti i file da stampare (1x volte ciascuno)

2.18.3 Suggerimenti sulle impostazioni di affettatura per stampa:

„zortrax carabiner":
(Durata: ca. 1 h)

- **Colore: ad es. oro**
- Altezza dello strato: 0.12 mm
- Densità del riempimento: 50 %
- Abilita stiratura?: si
- Supporto?: no
- Tipo di adesione: Skirt (2 Linee, 5 mm di distanza)

3 Casa: Cucina

3.1 Macinacaffè manuale

3.1.1 Descrizione:

Difficoltà*:
Durata: **ca. 15,5 h**
Materiale: **ca. 135 g**

Scaricare gratis: Thingiverse
Ricerca per: „Coffee Grinder"
Designer: „Clarkerubber"
Link: https://www.thingiverse.com/thing:2205644/files
Materiale addizionale: 7 x M3x10 o M3x15 mm viti a testa piatta

* (su)

3.1.2 Suggerimenti per la modifica e il posizionamento:

Rotazione di tutti i singoli oggetti come nella vista della *Fig. 23:*

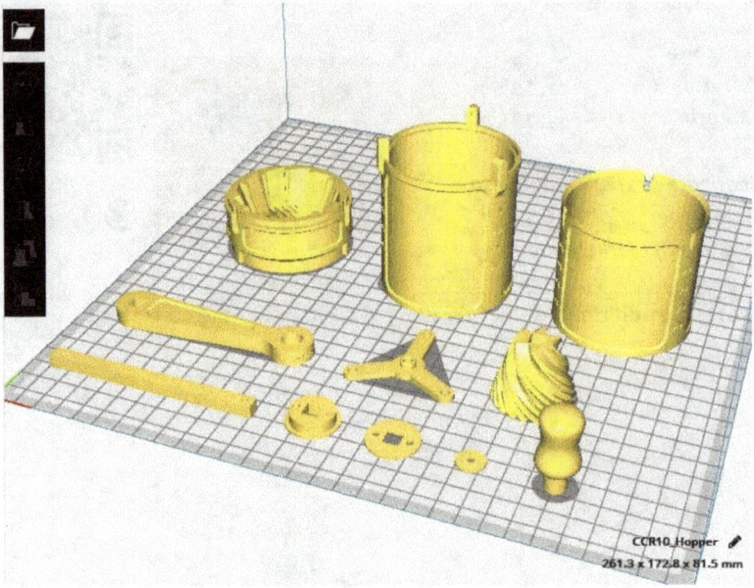

Figura 23: Vista di tutti i file da stampare (1x volte ciascuno)

3.1.3 Combinazione per lavoro di stampa (o singolo):

1) „Hopper“ & „Tray“ ***(Colore: ad es. nero)***
2) „Axel“; „Arm“; „BearingA“; „BearingB“; „Bracket“; „Knob_Washer“ ***(Colore: ad es. nero)***
3) „OuterGrinder“; „InternalGrinder“; „Knob“ ***(Colore: ad es. verde)***

3.1.4 Suggerimenti sulle impostazioni di affettatura per stampa:

„Hopper“ & „Tray“:
(Durata: ca. 7,5 h)

- Altezza dello strato: 0.16 mm
- Densità del riempimento: 20%
- Abilita stiratura?: no
- Supporto?: senza
- Tipo di adesione: Skirt (2 Linee, 5 mm di distanza)

„Axel“; „Arm“; „BearingA“; „BearingB“; „Bracket“; „Knob Washer“: **(Durata: ca. 2 h)**

- Altezza dello strato: 0.12 mm
- Densità del riempimento: 20%
- Abilita stiratura?: si
- Supporto?: senza
- Tipo di adesione: Skirt (2 Linee, 5 mm di distanza)

„OuterGrinder“; „InternalGrinder“; „Knob“:
(Durata: ca. 6 h)

- Altezza dello strato: 0.16 mm
- Densità del riempimento: 55%
- Abilita stiratura?: no
- Supporto?: senza
- Tipo di adesione: Skirt (2 Linee, 5 mm di distanza)

3.1.5 Posizionamento sul piano di stampa (per stampa):

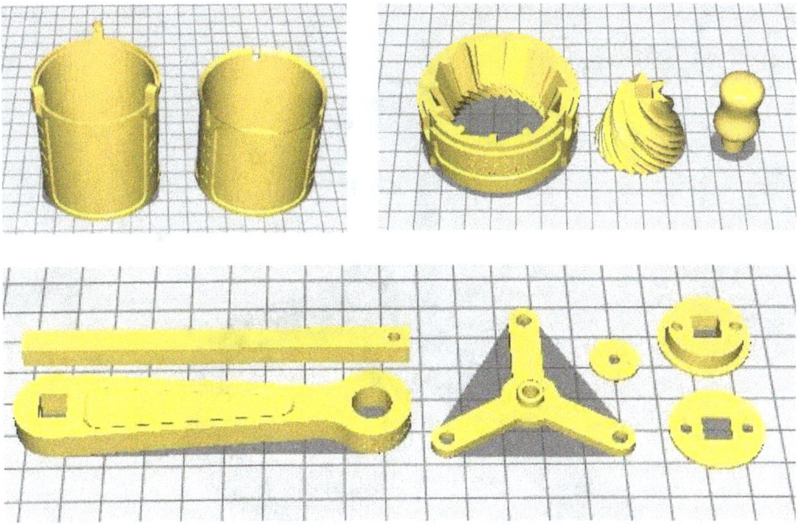

Figura 24: Lavori di stampa (1 immagine = 1 lavoro di stampa)

3.2 Morsetto di chiusura (ad es. per sacchetti di plastica)

3.2.1 Descrizione:

Difficoltà*:

Durata: ca. 1 h

Materiale: ca. 7 g

Scaricare gratis: Thingiverse

Ricerca per: „bag clip"

Designer: „paulbelcher"

Link: [*https://www.thingiverse.com/thing:47053*](https://www.thingiverse.com/thing:47053)

Materiale addizionale: ---

* (su)

3.2.2 Suggerimenti per la modifica e il posizionamento:

Posizionamento sul piano di stampa come nella *Fig. 25:*

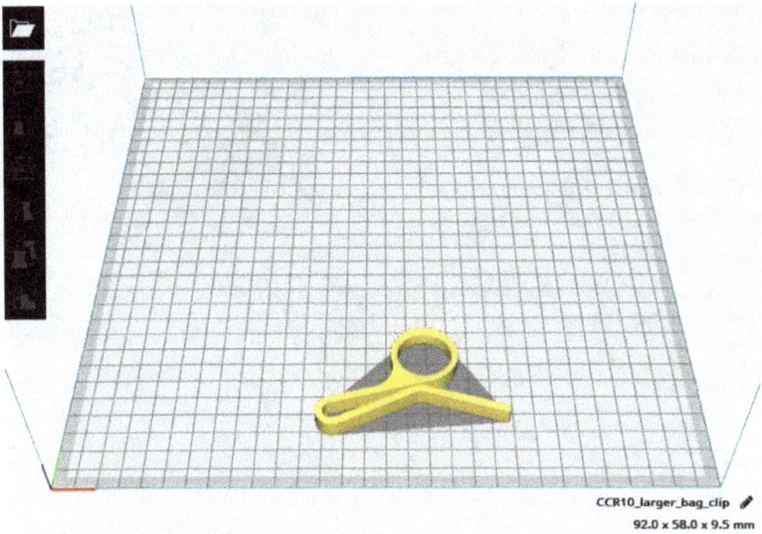

Figura 25: Vista di tutti i file da stampare (1x volte ciascuno)

3.2.3 Suggerimenti sulle impostazioni di affettatura per stampa:

„larger bag clip“:
(Durata: ca. 1 h)

- **Colore: ad es. nero**
- Altezza dello strato: 0.16 mm
- Densità del riempimento: 35%
- Abilita stiratura?: si
- Supporto?: senza
- Tipo di adesione: Skirt (2 Linee, 5 mm di distanza)

3.3 Pressa per caffè

3.3.1 Descrizione:

Difficoltà*:
Durata: **ca. 3 h**
Materiale: **ca. 10 g**

Scaricare gratis: Thingiverse
Ricerca per: „coffee tamper 52"
Designer: „xR1stos"
Link: https://www.thingiverse.com/thing:3001218
Materiale addizionale: ---

* (su)

3.3.2 Suggerimenti per la modifica e il posizionamento:

Posizionamento sul piano di stampa come nella *Fig. 26:*

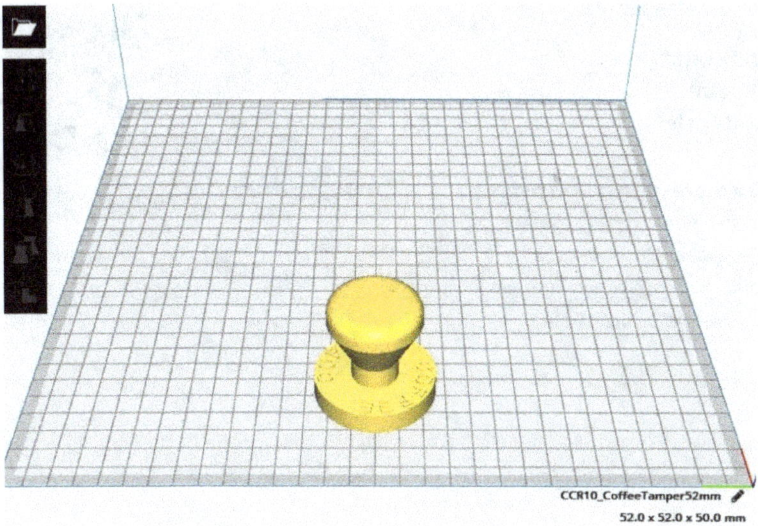

Figura 26: Vista di tutti i file da stampare (1x volte ciascuno)

3.3.4 Suggerimenti sulle impostazioni di affettatura per stampa:

„CoffeeTamper52mm" o *„CoffeeTamper54mm" (je nach Maschine):*
(Durata: ca. 3 h)

- **Colore: ad es. nero**
- Altezza dello strato: 0.12 mm
- Densità del riempimento: 30 %
- Abilita stiratura?: si
- Supporto?: senza
- Tipo di adesione: Skirt (2 Linee, 5 mm di distanza)

3.4 Stencil caffè: Cuore

3.4.1 Descrizione:

Difficoltà*:

Durata: **ca. 45 min**

Materiale: **ca. 4 g**

Scaricare gratis: Thingiverse

Ricerca per: „coffee gauge heart"

Designer: „thomaskoch"

Link: https://www.thingiverse.com/thing:1753249

Materiale addizionale: ---

* (su)

3.4.2 Suggerimenti per la modifica e il posizionamento:

„Coffee_gauge_Heart" come nella *Fig. 27:*

Figura 27: Vista di tutti i file da stampare (1x volte ciascuno)

3.4.3 Suggerimenti sulle impostazioni di affettatura per stampa:

„Coffee gauge Heart":
(Durata: ca. 45 min)

- **Colore: ad es. bianco**
- Altezza dello strato: 0.16 mm
- Densità del riempimento: 20%
- Abilita stiratura?: si
- Supporto?: senza
- Tipo di adesione: Skirt (2 Linee, 5 mm di distanza)

3.5 Stencil caffè: Fiocco di neve

3.5.1 Descrizione:

Difficoltà*:
Durata: **ca. 45 min**
Materiale: **ca. 4 g**

Scaricare gratis: Thingiverse
Ricerca per: „snowflake coffee"
Designer: „Lore2106"
Link: https://www.thingiverse.com/thing:2929856
Materiale addizionale: ---

* (su)

3.5.2 Suggerimenti per la modifica e il posizionamento:

„snowflake" come nella *Fig. 28:*

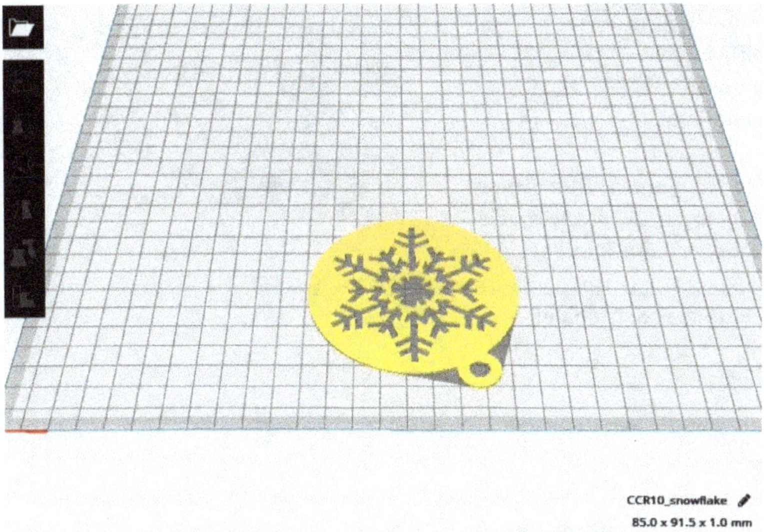

Figura 28: Vista di tutti i file da stampare (1x volte ciascuno)

3.5.3 Suggerimenti sulle impostazioni di affettatura per stampa:

„snowflake":
(**Durata: ca. 45 min**)

- **Colore: ad es. bianco**
- Altezza dello strato: 0.16 mm
- Densità del riempimento: 20%
- Abilita stiratura?: si
- Supporto?: senza
- Tipo di adesione: Skirt (2 Linee, 5 mm di distanza)

3.6. Tagliabiscotti: Cupcake

3.6.1 Descrizione:

Difficoltà*:

Durata: **ca. 2 h**

Materiale: **ca. 15 g**

Scaricare gratis: Thingiverse

Ricerca per: „cupcake cookie"

Designer: „ErickArmenta"

Link: https://www.thingiverse.com/thing:2892744

Materiale addizionale: ---

* (su)

3.6.2 Suggerimenti per la modifica e il posizionamento:

„Cortador_Cupcake_10cm" come nella *Fig. 29:*

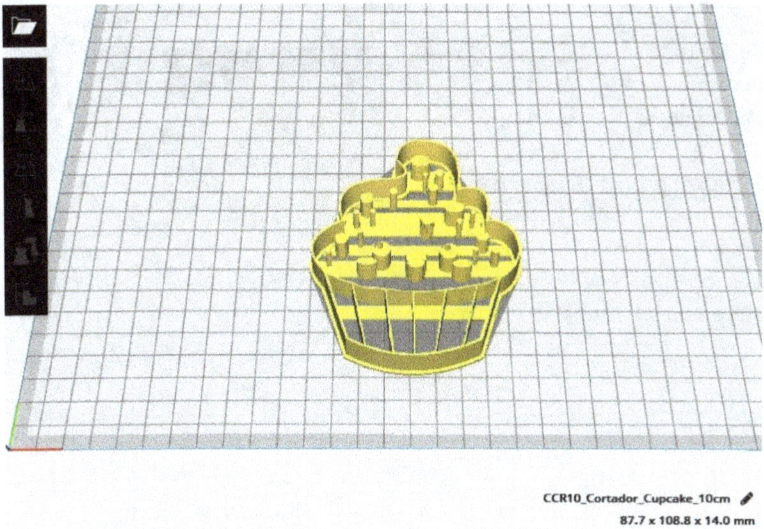

Figura 29: Vista di tutti i file da stampare (1x volte ciascuno)

3.6.3 Suggerimenti sulle impostazioni di affettatura per stampa:

„Cortador Cupcake 10cm":
(Durata: ca. 2 h)

- **Colore: ad es. bianco**
- Altezza dello strato: 0.2 mm
- Densità del riempimento: 20%
- Abilita stiratura?: no
- Supporto?: senza
- Tipo di adesione: Skirt (2 Linee, 5 mm di distanza)

3.7 Tagliabiscotti: Leone (3D)

3.7.1 Descrizione:

Difficoltà*:

Durata: **ca. 2,5 h**

Materiale: **ca. 14 g**

Scaricare gratis: Thingiverse

Ricerca per: „cookie cutter lion"

Designer: „animus"

Link: https://www.thingiverse.com/thing:1064238

Materiale addizionale: ---

* (su)

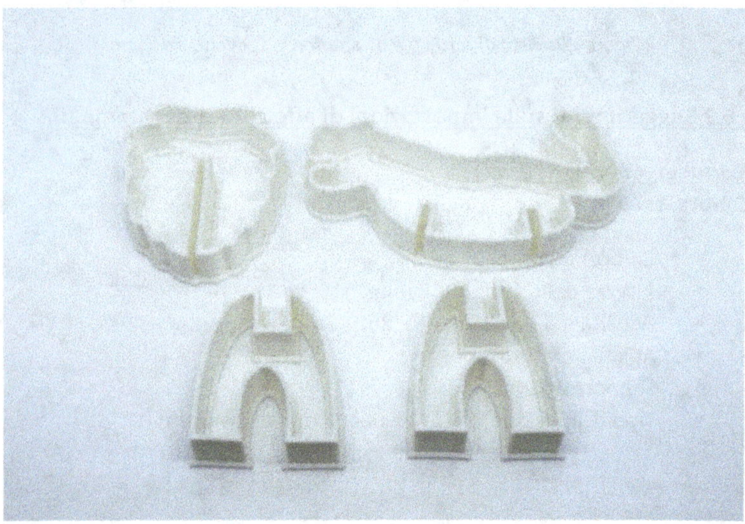

3.7.2 Suggerimenti per la modifica e il posizionamento:

1x „mane“, 1x „body“ e 2x „legs“ in una sola stampa come nella *Fig. 30:*

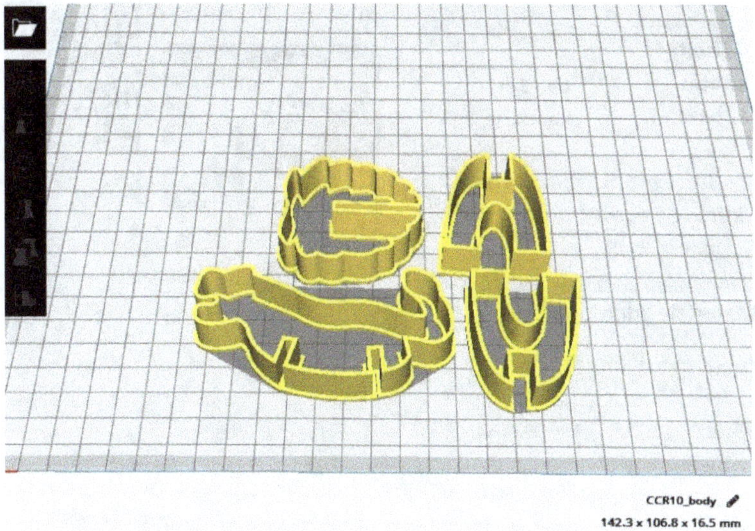

Figura 30: Vista di tutti i file da stampare

3.7.3 Suggerimenti sulle impostazioni di affettatura per stampa:

„mane“ & „body“ & „legs“:
(Durata: ca. 2,5 h)

- **Colore: ad es. bianco**
- Altezza dello strato: 0.2 mm
- Densità del riempimento: 20%
- Abilita stiratura?: no
- Supporto?: senza
- Tipo di adesione: Skirt (2 Linee, 5 mm di distanza)

3.8 Tagliabiscotti: Triceratops Dinosauro (3D)

3.8.1 Descrizione:

Difficoltà*:

Durata: **ca. 3 h**

Materiale: **ca. 16 g**

Scaricare gratis: Thingiverse

Ricerca per: „triceratops cutter"

Designer: „Isolt"

Link: https://www.thingiverse.com/thing:859431

Materiale addizionale: ---

* (su)

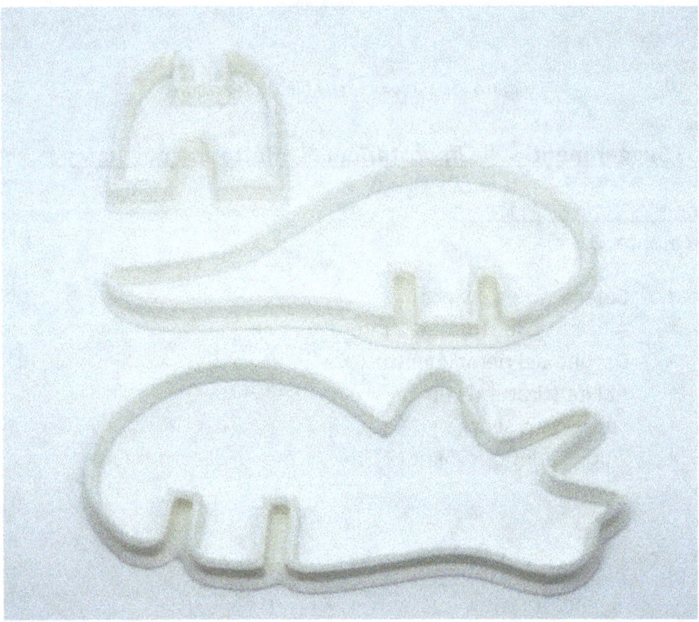

3.8.2 Suggerimenti per la modifica e il posizionamento:

1x „Triceratops_Cutter" come nella *Fig. 31:*

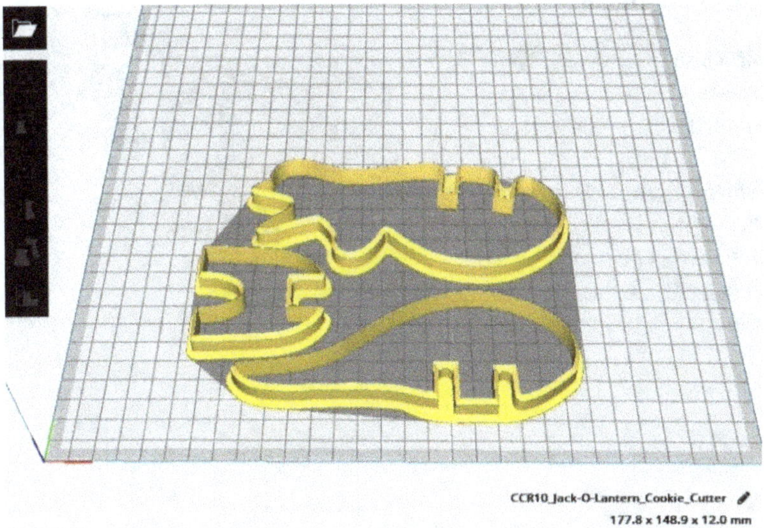

Figura 31: Vista di tutti i file da stampare

3.8.3 Suggerimenti sulle impostazioni di affettatura per stampa:

„Triceratops Cutter":
(Durata: ca. 3 h)

- **Colore: ad es. bianco**
- Altezza dello strato: 0.2 mm
- Densità del riempimento: 20%
- Abilita stiratura?: no
- Supporto?: senza
- Tipo di adesione: Skirt (2 Linee, 5 mm di distanza)

3.9 Supporto di design per bottiglie di vino

3.9.1 Descrizione:

Difficoltà*:
Durata: **ca. 6,5 h**
Materiale: **ca. 78 g**

Scaricare gratis: Thingiverse
Ricerca per: „curved wine holder "
Designer: „Chevron42 "
Link: https://www.thingiverse.com/thing:1562117/files
Materiale addizionale: ---

* (su)

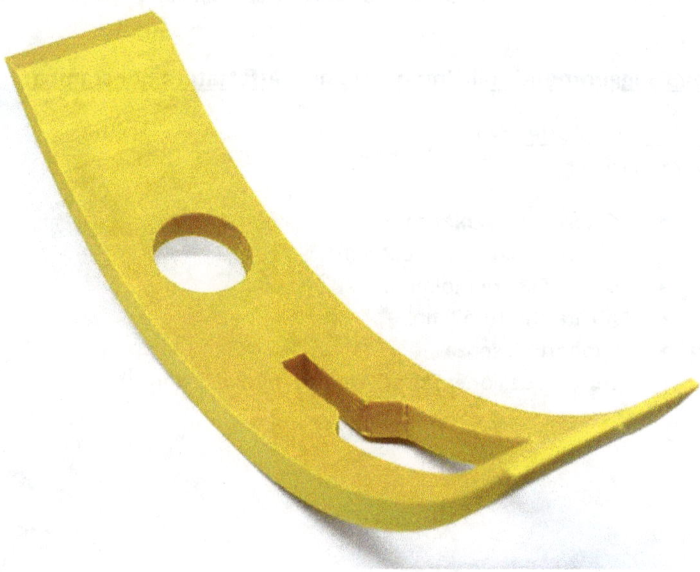

3.9.2 Suggerimenti per la modifica e il posizionamento:

Posizionamento sul piano di stampa come nella *Fig. 32:*

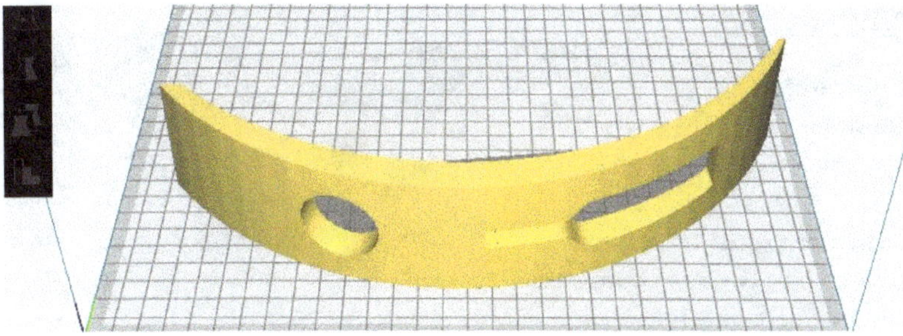

Figura 32: Vista di tutti i file da stampare (1x volte ciascuno)

3.9.3 Suggerimenti sulle impostazioni di affettatura per stampa:

„Curved Wine Holder w cutout":
(**Durata: ca. 6,5 h**)

- **Colore: ad es. oro**
- Altezza dello strato: 0.2 mm
- Densità del riempimento: 20 %
- Abilita stiratura?: si
- **Supporto?: si (angolo: 60°, densità: 15 %) vedi *Fig. 33***
- Tipo di adesione: Brim (Larghezza: 6 mm; Linee: 15; interno: si)

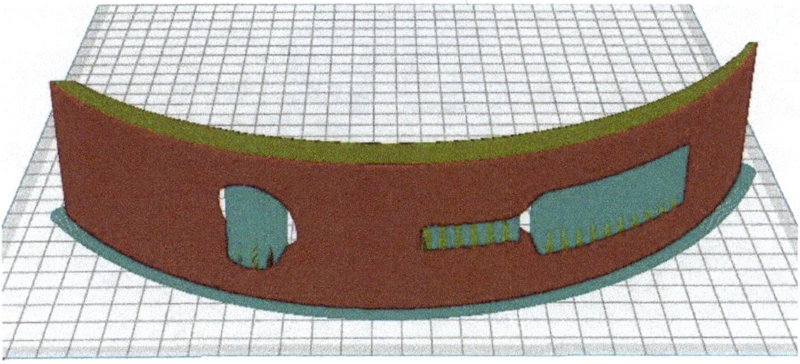

Figura 33: Illustrazione della struttura di supporto

3.10 Schiaccianoci (noce)

3.10.1 Descrizione:

Difficoltà*:
Durata: **ca. 6 h**
Materiale: **ca. 70 g**

Scaricare gratis: Thingiverse
Ricerca per: „working nutcracker"
Designer: „RenatoT"
Link: https://www.thingiverse.com/thing:600723
Materiale addizionale: ---

* (su)

3.10.2 Suggerimenti per la modifica e il posizionamento:

Rotazione di tutti i singoli oggetti come nella vista della *Fig. 34:*

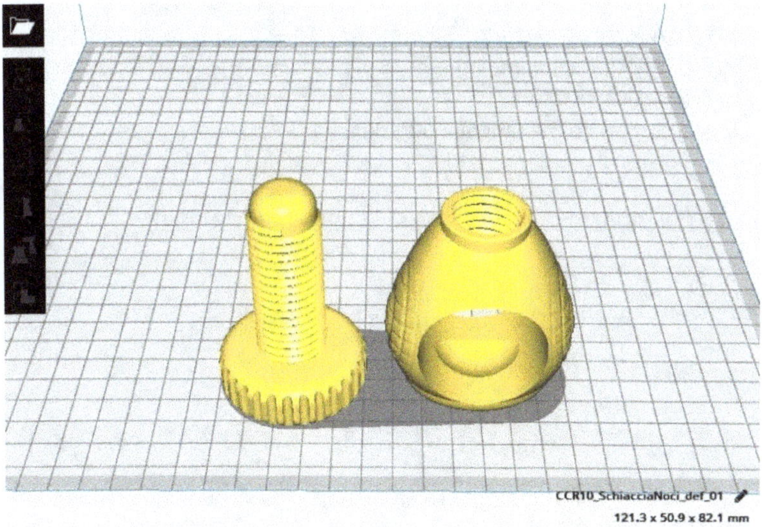

Figura 34: Vista di tutti i file da stampare (1x volte ciascuno)

3.10.3 Combinazione per lavoro di stampa (o singolo):

1) „Part1_Ok" ***(Colore: ad es. blu)***
2) „Part2_Ok" ***(Colore: ad es. blu)***

3.10.4 Suggerimenti sulle impostazioni di affettatura per stampa:

„Part1_Ok":
(**Durata: ca. 2,5 h**)

- Altezza dello strato: 0.2 mm
- Densità del riempimento: 35 %
- Abilita stiratura?: si
- Supporto?: no
- Tipo di adesione: Skirt (2 Linee, 5 mm di distanza)

„Part2 Ok":
(Durata: ca. 3,5 h)

- Altezza dello strato: 0.2 mm
- Densità del riempimento: 35 %
- Abilita stiratura?: si
- **Supporto?: si (angolo: 60°, densità: 15 %) vedi *Fig. 35***
- Tipo di adesione: Skirt (2 Linee, 5 mm di distanza)

3.10.5 Posizionamento sul piano di stampa (per stampa):

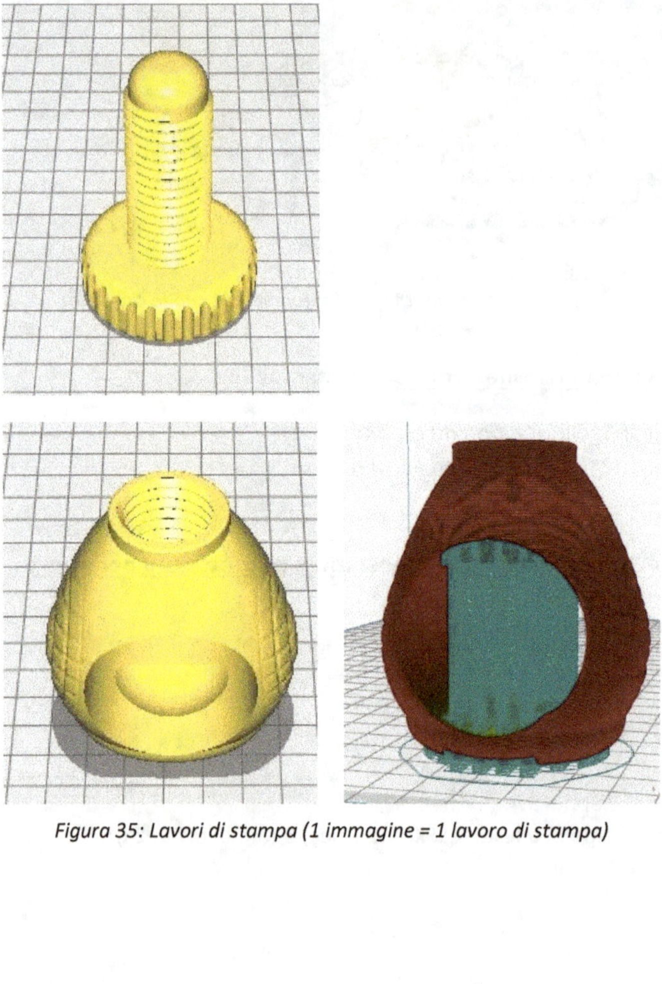

Figura 35: Lavori di stampa (1 immagine = 1 lavoro di stampa)

3.11 Tazza pad

3.11.1 Descrizione:

Difficoltà*:
Durata: **ca. 5 h**
Materiale: **ca. 43 g**

Scaricare gratis: Thingiverse
Ricerca per: „office drip mat"
Designer: „Hunted_One"
Link: https://www.thingiverse.com/thing:2218288
Materiale addizionale: ---

* (su)

3.11.2 Suggerimenti per la modifica e il posizionamento:

Rotazione di tutti i singoli oggetti come nella vista della *Fig. 36:*

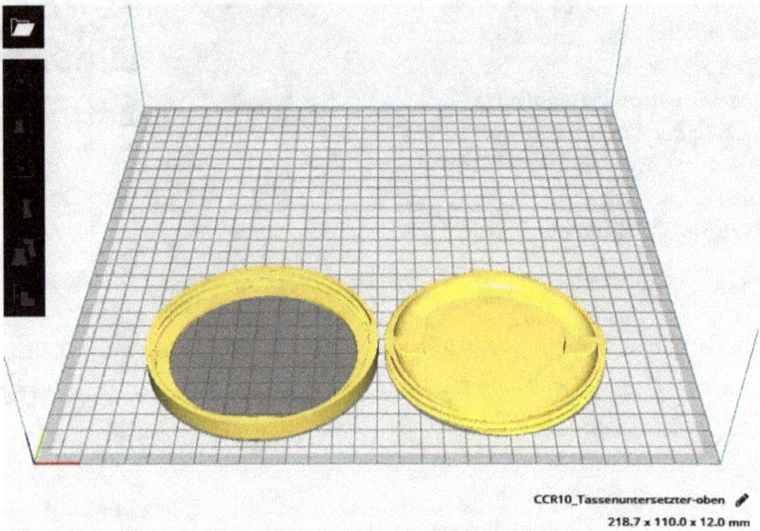

Figura 36: Vista di tutti i file da stampare (1x volte ciascuno)

3.11.3 Suggerimenti sulle impostazioni di affettatura per stampa:

„Tassenuntersetzer-oben" & „Tassenuntersetzer-unten" :
(**Durata: ca. 5 h**)

- **Colore: ad es. verde**
- Altezza dello strato: 0.16 mm
- Densità del riempimento: 35 %
- Abilita stiratura?: no
- Supporto?: no
- Tipo di adesione: Skirt (2 Linee, 5 mm di distanza)

3.12 Apribottiglie

3.12.1 Descrizione:

Difficoltà*:
Durata: **ca. 3 h**
Materiale: **ca. 21 g**

Scaricare gratis: Thingiverse
Ricerca per: „bottle opener"
Designer: „Kart5a"
Link: https://www.thingiverse.com/thing:269463
Materiale addizionale: Moneta (ad es. 1 Cent)

* (su)

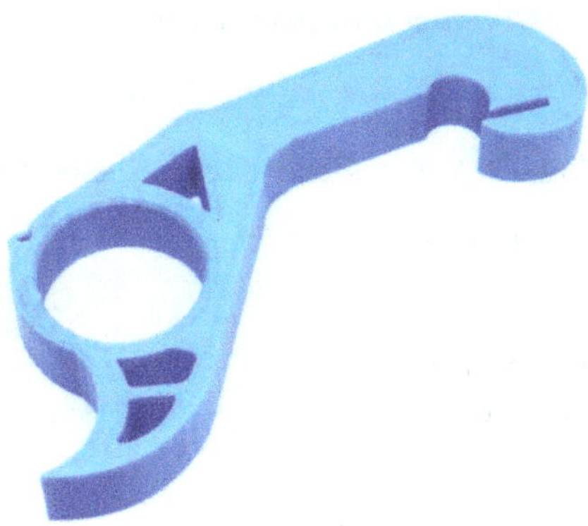

3.12.2 Suggerimenti per la modifica e il posizionamento:

Rotazione di tutti i singoli oggetti come nella vista della *Fig. 37:*

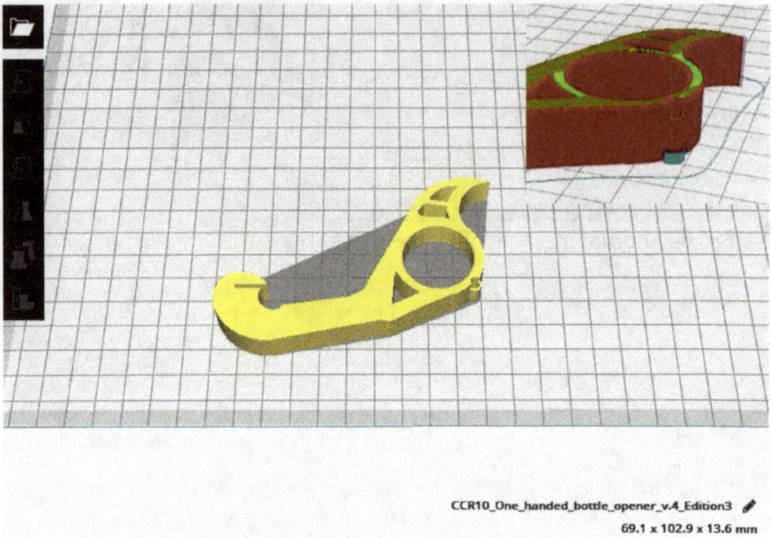

Figura 37: Vista di tutti i file da stampare (1x volte ciascuno)

3.12.3 Suggerimenti sulle impostazioni di affettatura per stampa:

„One handed bottle opener v.4 Edition3“ :
(**Durata: ca. 3 h**)

- **Colore: ad es. blu**
- Altezza dello strato: 0.12 mm
- Densità del riempimento: 50 %
- Abilita stiratura?: si
- **Supporto?: si (angolo: 60°, densità: 15 %) vedi *Fig. 37***
- Tipo di adesione: Skirt (2 Linee, 5 mm di distanza)

3.13 Aiuto per l'apertura delle bottiglie PET

3.13.1 Descrizione:

Difficoltà*:

Durata: **ca. 2 h**

Materiale: **ca. 9 g**

Scaricare gratis: Thingiverse

Ricerca per: „pet opener“

Designer: „EIJIRO“

Link: *https://www.thingiverse.com/thing:3067929/files*

Materiale addizionale: ---

* (su)

3.13.2 Suggerimenti per la modifica e il posizionamento:

Rotazione di tutti i singoli oggetti come nella vista della *Fig. 38:*

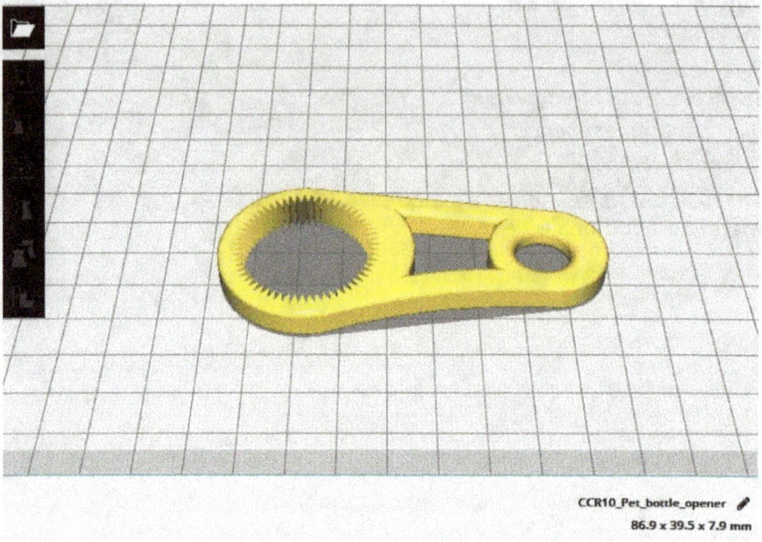

Figura 38: Vista di tutti i file da stampare (1x volte ciascuno)

3.13.3 Suggerimenti sulle impostazioni di affettatura per stampa:

„Pet bottle opener":
(**Durata: ca. 2 h**)

- **Colore: ad es. rosso**
- Altezza dello strato: 0.12 mm
- Densità del riempimento: 50 %
- Abilita stiratura?: si
- Supporto?: no
- Tipo di adesione: Skirt (2 Linee, 5 mm di distanza)

3.14 Maniglia per il trasporto di lattine

3.14.1 Descrizione:

Difficoltà*:
Durata: **ca. 4 h**
Materiale: **ca. 38 g**

Scaricare gratis: Thingiverse
Ricerca per: „can handle"
Designer: „ilmandorlone"
Link: https://www.thingiverse.com/thing:992319
Materiale addizionale: ---

* (su)

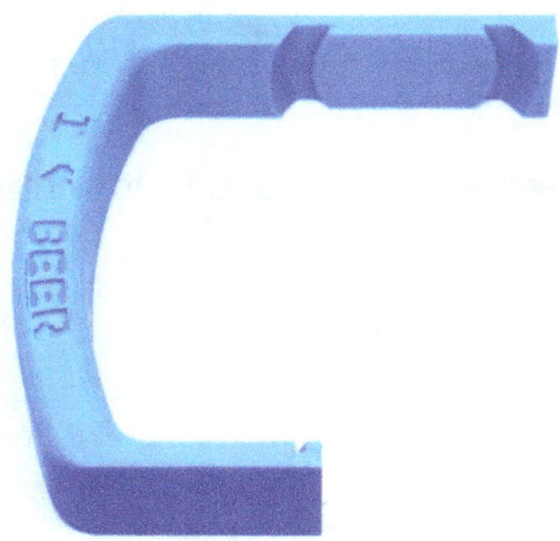

3.14.2 Suggerimenti per la modifica e il posizionamento:

Rotazione di tutti i singoli oggetti come nella vista della *Fig. 39:*

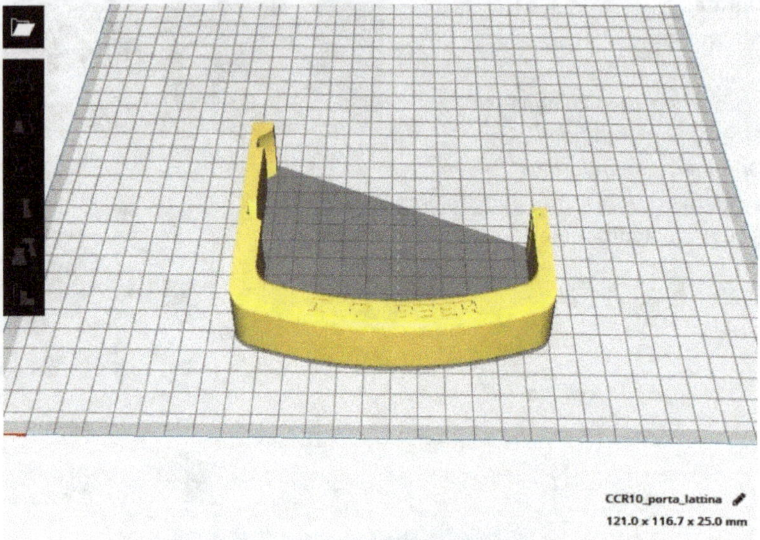

Figura 39: Vista di tutti i file da stampare (1x volte ciascuno)

3.14.3 Suggerimenti sulle impostazioni di affettatura per stampa:

„porta lattina":
(**Durata: ca. 4 h**)

- **Colore: ad es. blu**
- Altezza dello strato: 0.16 mm
- Densità del riempimento: 30 %
- Abilita stiratura?: si
- Supporto?: no
- Tipo di adesione: Skirt (2 Linee, 5 mm di distanza)

4 Casa: Bagno

4.1 Pettine

4.1.1 Descrizione:

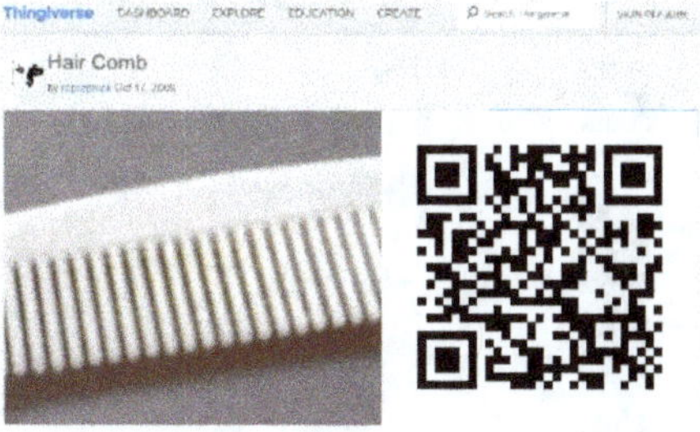

Difficoltà*:
Durata: ca. 1 h
Materiale: ca. 6 g

Scaricare gratis: Thingiverse
Ricerca per: „hair comb"
Designer: „repraprook"
Link: https://www.thingiverse.com/thing:1140/files
Materiale addizionale: ---

* (su)

4.1.2 Suggerimenti per la modifica e il posizionamento:

Posizionamento sul piano di stampa come nella *Fig. 40:*

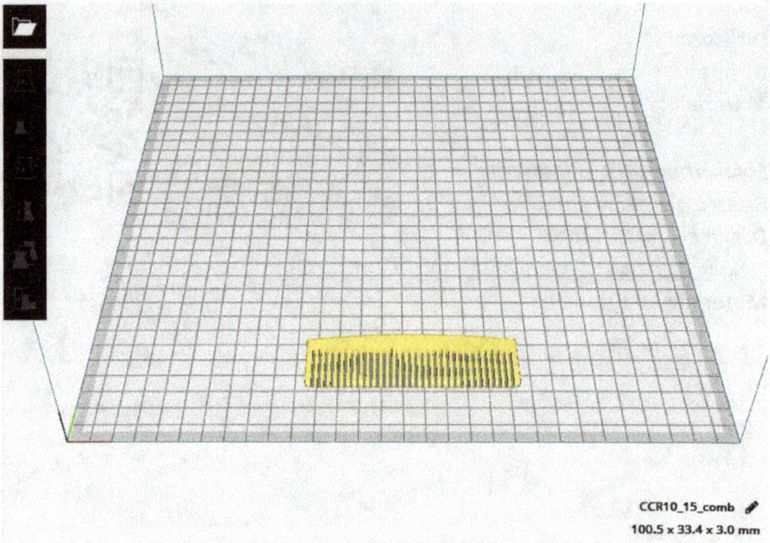

Figura 40: Vista di tutti i file da stampare (1x volte ciascuno)

4.1.3 Suggerimenti sulle impostazioni di affettatura per stampa:

„15_comb":
(**Durata: ca. 1 h**)

- **Colore: ad es. nero**
- Altezza dello strato: 0.12 mm
- Densità del riempimento: 100%
- Abilita stiratura?: si
- Supporto?: senza
- Tipo di adesione: Skirt (2 Linee, 5 mm di distanza)

4.2 Spremiagrumi (es. tubi di dentifricio)

4.2.1 Descrizione:

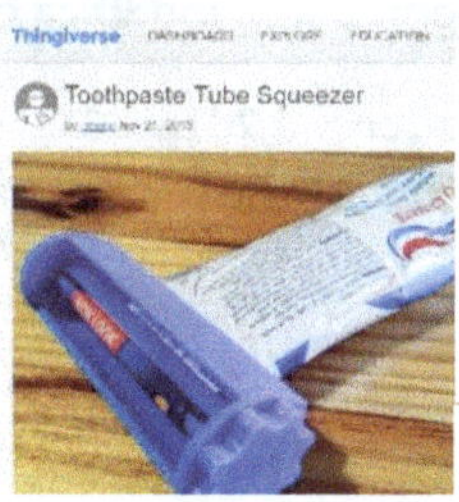

Difficoltà*:
Durata: ca. 3,5 h
Materiale: ca. 17 g

Scaricare gratis: Thingiverse
Ricerca per: „tube squeezer"
Designer: „ottenjr"
Link: https://www.thingiverse.com/thing:1147252
Materiale addizionale: ---

* (su)

4.2.2 Suggerimenti per la modifica e il posizionamento:

Posizionamento su „20160204_Toothpaste_Roller_print_Rev_C_fixed" come nella vista *Fig. 41:*

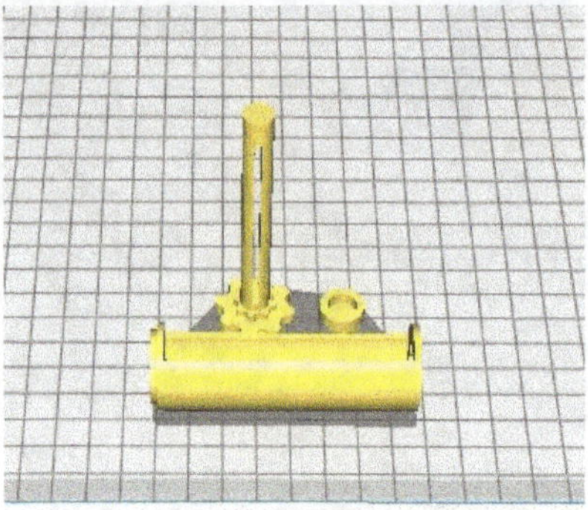

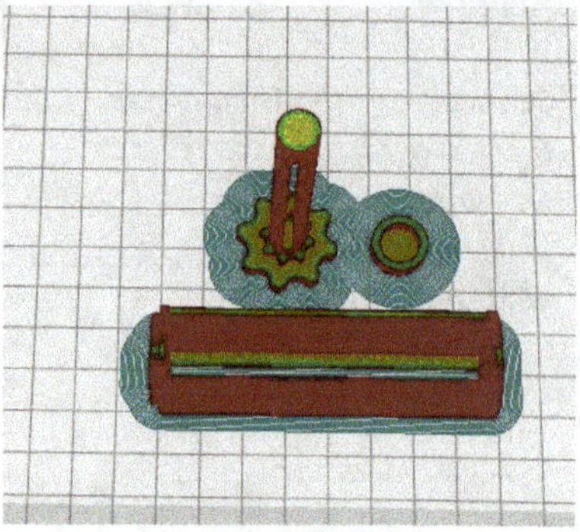

Figura 41: Vista di tutti i file da stampare

4.2.3 Suggerimenti sulle impostazioni di affettatura per stampa:

„20160204_Toothpaste_Roller_print_Rev_C_fixed":
(**Durata: ca. 3,5 h**)

- Altezza dello strato: 0.12 mm
- Densità del riempimento: 70%
- Abilita stiratura?: no
- Supporto?: senza
- Tipo di adesione: Brim (Larghezza: 8 mm; Linee: 20; interno: no)

5 Arte e decorazione

5.1 Murale 2D: Elefante

5.1.1 Descrizione:

Difficoltà*:

Durata: ca. 4,5 h

Materiale: ca. 30 g

Scaricare gratis: Thingiverse

Ricerca per: „low poly elephant"

Designer: „jayzhengwx"

Link: https://www.thingiverse.com/thing:2710361

Materiale addizionale: possibilmente una tavola di legno come sfondo

* (su)

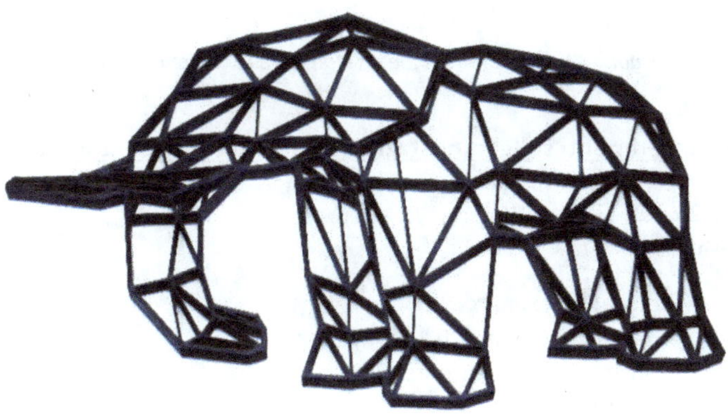

5.1.2 Suggerimenti per la modifica e il posizionamento:

Posizionamento sul piano di stampa come nella *Fig. 42:*

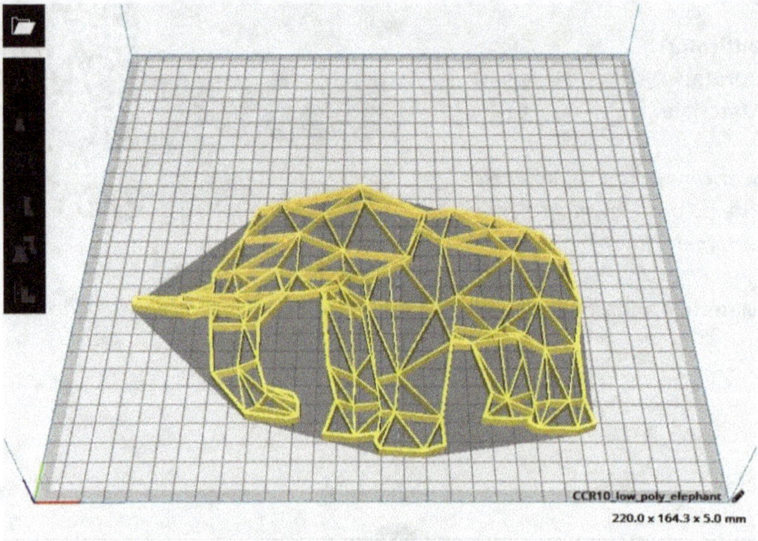

Figura 42: Vista di tutti i file da stampare (1x volte ciascuno)

5.1.3 Suggerimenti sulle impostazioni di affettatura per stampa:

„low poly elephant“:
(**Durata: ca. 4,5 h**)

- **Colore: ad es. nero**
- Altezza dello strato: 0.16 mm
- Densità del riempimento: 25%
- Abilita stiratura?: si
- Supporto?: senza
- Tipo di adesione: Skirt (2 Linee, 5 mm di distanza)

5.2 Murale 2D: Albero

5.2.1 Descrizione:

Difficoltà*:
Durata: ca. 4,5 h
Materiale: ca. 40 g

Scaricare gratis: Thingiverse
Ricerca per: „Tree 2D Wall art"
Designer: „dtm2477"
Link: https://www.thingiverse.com/thing:3164969
Materiale addizionale: possibilmente una tavola di legno come sfondo

* (su)

5.2.2 Suggerimenti per la modifica e il posizionamento:

Posizionamento sul piano di stampa e scalare come nella *Fig. 43:*

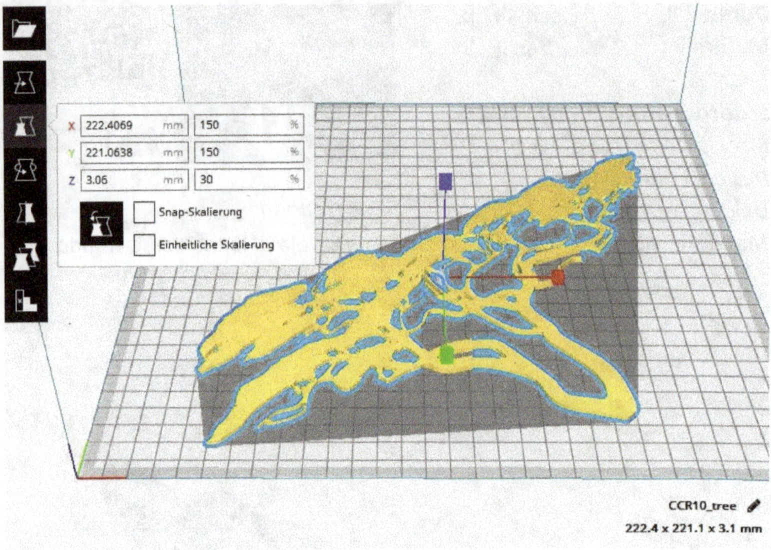

Figura 43: Vista di tutti i file da stampare (1x volte ciascuno)

5.2.3 Suggerimenti sulle impostazioni di affettatura per stampa:

„tree":
(Durata: ca. 4,5 h)

- **Colore: ad es. nero**
- **Scalatura non uniforme (x: 150% , y: 150%, z: 30%) per una stampa più veloce (z) e un murale più grande (x, y)**
- Altezza dello strato: 0.16 mm
- Densità del riempimento: 50%
- Abilita stiratura?: si
- Supporto?: senza
- Tipo di adesione: Skirt (2 Linee, 5 mm di distanza)

5.3 Cubo (grande)

5.3.1 Descrizione:

Difficoltà*:
Durata: **ca. 3 h**
Materiale: **ca. 41 g**

Scaricare gratis: Thingiverse
Ricerca per: „big dice"
Designer: „Radek476"
Link: [*https://www.thingiverse.com/thing:3376965*](https://www.thingiverse.com/thing:3376965)
Materiale addizionale: ---

* (su)

5.3.2 Suggerimenti per la modifica e il posizionamento:

„A5--hraci-kostka-6A“ come nella *Fig. 44:*

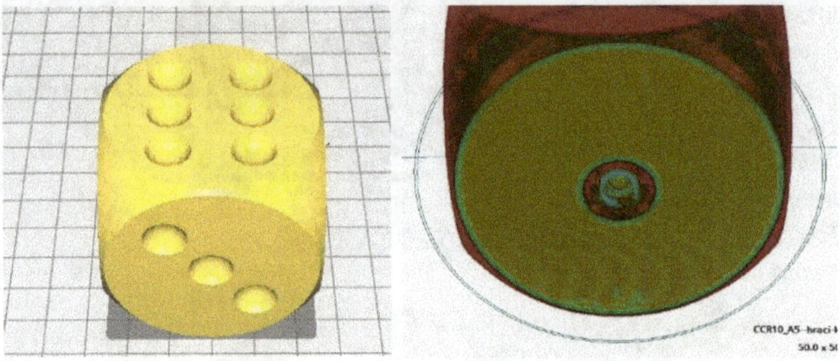

Figura 44: Vista di tutti i file da stampare

5.3.4 Suggerimenti sulle impostazioni di affettatura per stampa:

„A5--hraci-kostka-6A“:
(**Durata: ca. 3 h**)

- **Colore: ad es. nero o oro**
- Altezza dello strato: 0.12 mm
- Densità del riempimento: 100%
- Abilita stiratura?: si
- **Supporto?: si (angolo: 60°, densità: 15 %) vedi *Fig. 44***
- Tipo di adesione: Skirt (2 Linee, 5 mm di distanza)

5.4 Scultura: Fantasma con cappello da strega

5.4.1 Descrizione:

Difficoltà*:
Durata: **ca. 3,5 h**
Materiale: **ca. 20 g**

Scaricare gratis: Thingiverse
Ricerca per: „hug me ghost“
Designer: „GreyBeard3D“
Link: https://www.thingiverse.com/thing:2604075
Materiale addizionale: ---

* (su)

5.4.2 Suggerimenti per la modifica e il posizionamento:

Rotazione di tutti i singoli oggetti come nella vista della *Fig. 45:*

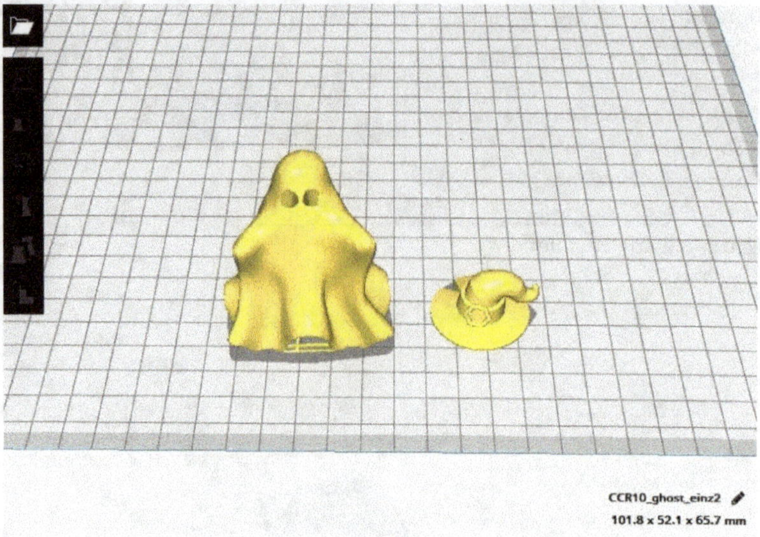

Figura 45: Vista di tutti i file da stampare (1x volte ciascuno)

5.4.3 Combinazione per lavoro di stampa (o singolo):

3) „Ghost_Remix" ***(Colore: ad es. bianco)***
4) „Witch_Hat_Remix" ***(Colore: ad es. nero)***

5.4.4 Suggerimenti sulle impostazioni di affettatura per stampa:

„Ghost_Remix":
(**Durata: ca. 3 h**)

- Altezza dello strato: 0.16 mm
- Densità del riempimento: 25%
- Abilita stiratura?: no
- **Supporto?: si (angolo: 60°, densità: 15 %) vedi *Fig. 46***
- Tipo di adesione: Brim (Larghezza: 6 mm; Linee: 15; interno: si)

„Witch Hat Remix“:
(Durata: ca. 0,5 h)

- Altezza dello strato: 0.16 mm
- Densità del riempimento: 25%
- Abilita stiratura?: no
- **Supporto?: si (angolo: 60°, densità: 15 %) vedi *Fig. 46***
- Tipo di adesione: Skirt (2 Linee, 5 mm di distanza)

5.4.5 Posizionamento sul piano di stampa (per stampa):

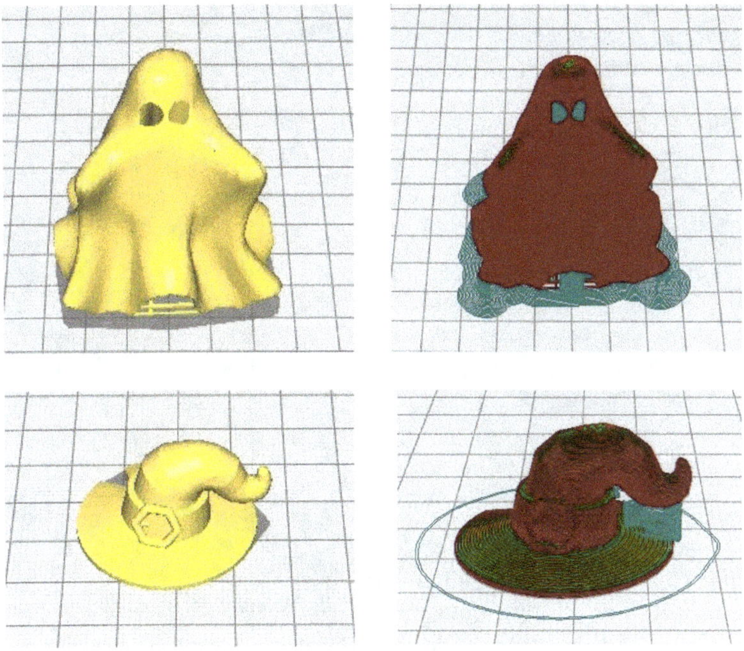

Figura 46: Lavori di stampa (1 immagine = 1 lavoro di stampa)

5.5 Scultura: Tigre dai denti a sciabola

5.5.1 Descrizione:

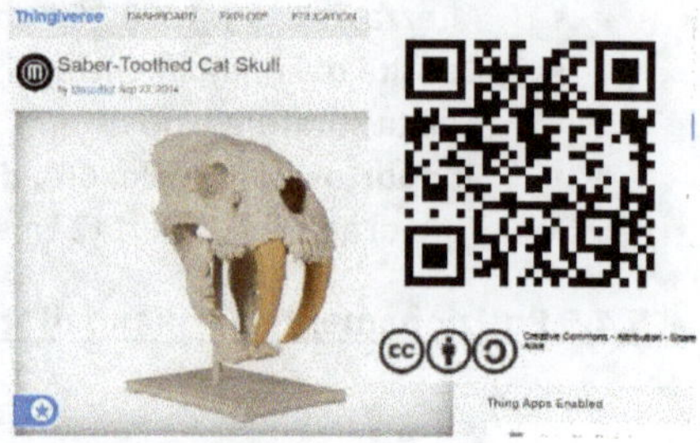

Difficoltà*: +
Durata: **ca. 14 h**
Materiale: **ca. 87 g**

Scaricare gratis: Thingiverse
Ricerca per: „saber-toothed cat"
Designer: „MakerBot"
Link: https://www.thingiverse.com/thing:472463
Materiale addizionale: ---

* (su)

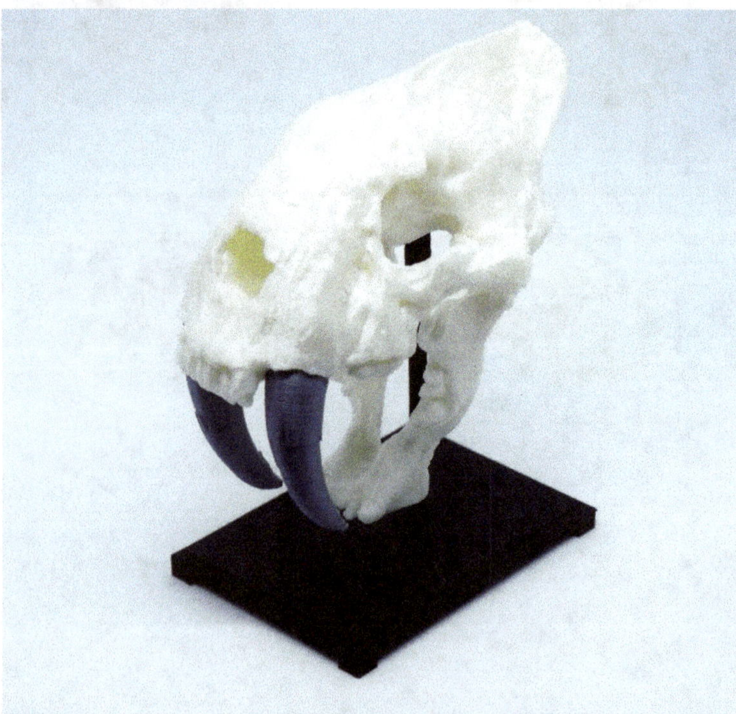

5.5.2 Suggerimenti per la modifica e il posizionamento:

Rotazione di tutti i singoli oggetti come nella vista della *Fig. 47:*

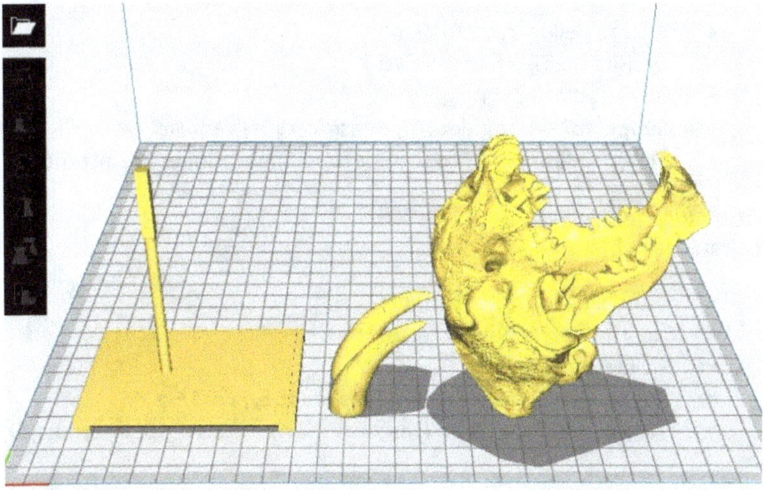

Figura 47: Vista di tutti i file da stampare (1x volte ciascuno)

5.5.3 Combinazione per lavoro di stampa (o singolo):

1) „MiniSaberToothBase" ***(Colore: ad es. nero)***
2) „MiniSaberToothSkull" ***(Colore: ad es. bianco)***
3) „MiniSaberToothSabers" ***(Colore: ad es. grigio)***

5.5.4 Suggerimenti sulle impostazioni di affettatura per stampa:

„MiniSaberToothBase" :
(**Durata: ca. 2,5 h**)

- Altezza dello strato: 0.16 mm
- Densità del riempimento: 20 %
- Abilita stiratura?: si
- Supporto?: no
- Tipo di adesione: Skirt (2 Linee, 5 mm di distanza)

„MiniSaberToothSkull":
(Durata: ca. 10,5 h)

- Altezza dello strato: 0.16 mm
- Densità del riempimento: 20 %
- Abilita stiratura?: no
- **Supporto?: si (angolo: 60°, densità: 15 %) vedi *Fig. 48***
- **Tipo di adesione: Brim (Larghezza: 15 mm; Linee: 38; interno: si)**

„MiniSaberToothSabers":
(Durata: ca. 1 h)

- Altezza dello strato: 0.16 mm
- Densità del riempimento: 20 %
- Abilita stiratura?: no
- **Supporto?: si (angolo: 60°, densità: 15 %) vedi *Fig. 48***
- **Tipo di adesione: Brim (Larghezza: 6 mm; Linee: 15; interno: no)**

5.5.5 Posizionamento sul piano di stampa (per stampa):

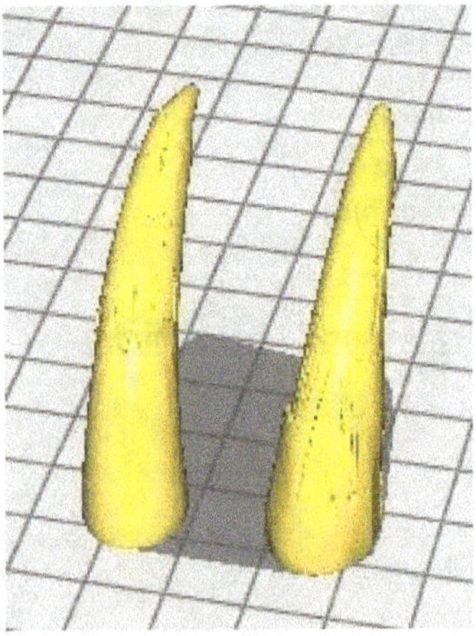

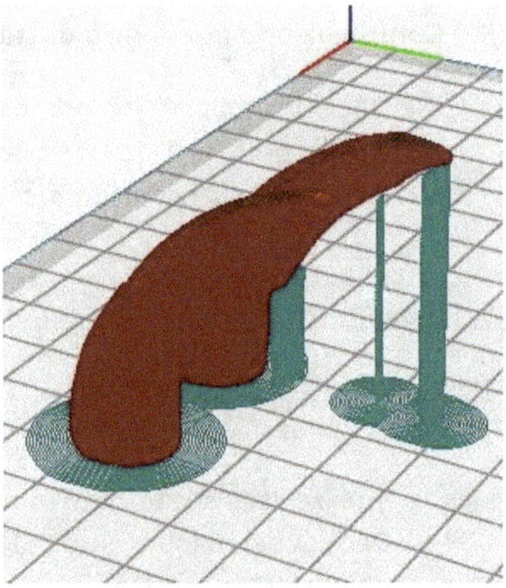

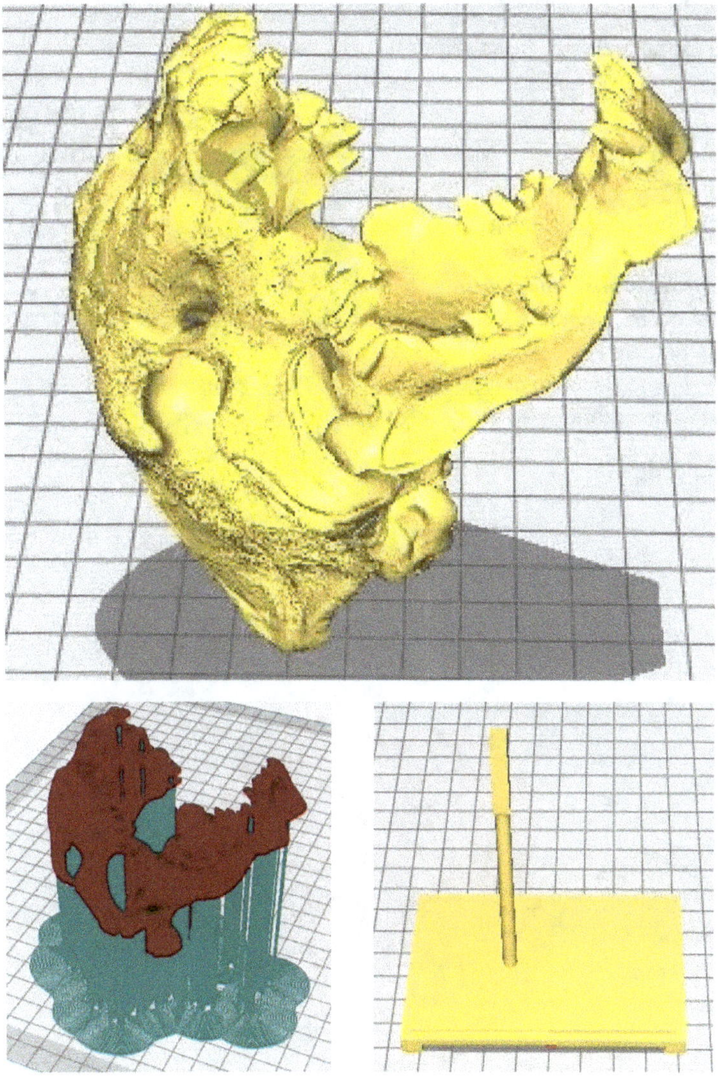

Figura 48: Lavori di stampa (1 immagine = 1 lavoro di stampa)

5.6 Decorazione: Rosa (fiore)

5.6.1 Descrizione:

Difficoltà*:
Durata: **ca. 2 h**
Materiale: **ca. 5 g**

Scaricare gratis: Thingiverse
Ricerca per: „printable rose"
Designer: „Jerrill"
Link: https://www.thingiverse.com/thing:283738/files
Materiale addizionale: ---

* (su)

5.6.2 Suggerimenti per la modifica e il posizionamento:

Rotazione di tutti i singoli oggetti come nella vista della *Fig. 49:*

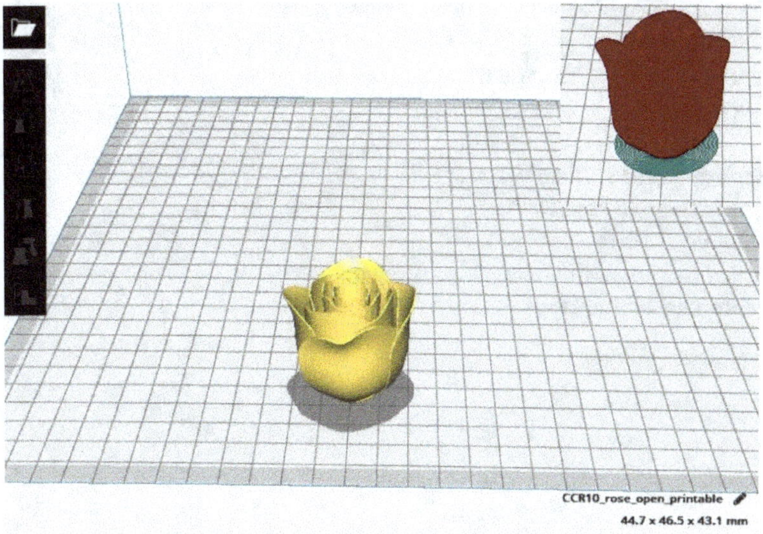

Figura 49: Vista di tutti i file da stampare (1x volte ciascuno)

5.6.3 Suggerimenti sulle impostazioni di affettatura per stampa:

„rose open printable":
(**Durata: ca. 2 h**)

- **Colore: ad es. rosso**
- Altezza dello strato: 0.12 mm
- Densità del riempimento: 100 %
- Abilita stiratura?: no
- Supporto?: no
- **Tipo di adesione: Brim (Larghezza: 10 mm; Linee: 25; interno: no)**

5.7 Scultura: cranio di T-Rex

5.7.1 Descrizione:

Difficoltà*: +
Durata: ca. 21,5 h
Materiale: ca. 203 g

Scaricare gratis: Thingiverse
Ricerca per: „T-Rex Skull"
Designer: „MakerBot"
Link: https://www.thingiverse.com/thing:308335
Materiale addizionale: ---

* (su)

5.7.2 Suggerimenti per la modifica e il posizionamento:

Rotazione di tutti i singoli oggetti come nella vista della *Fig. 50:*

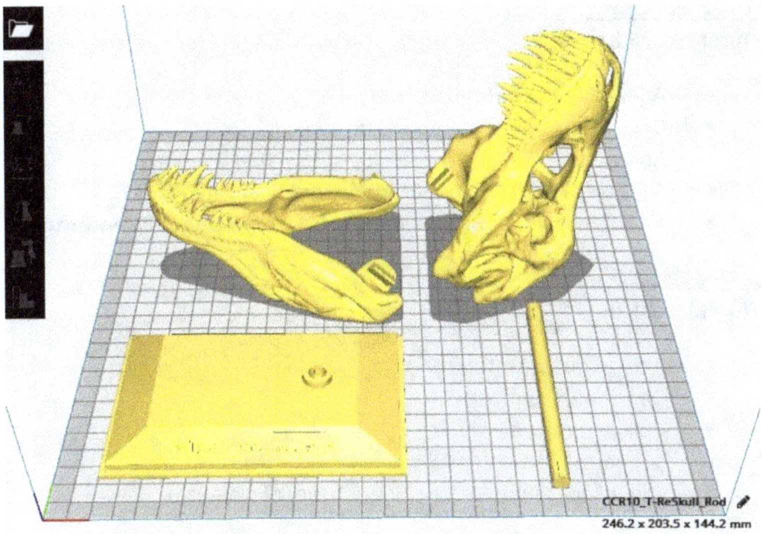

Figura 50: Vista di tutti i file da stampare (1x volte ciascuno)

5.7.3 Combinazione per lavoro di stampa (o singolo):

1) „T-RexSkull_Skull“ ***(Colore: ad es. bianco)***
2) „T-RexSkull_Jaw“ ***(Colore: ad es. bianco)***
3) „T-RexSkull_Base“ ***(Colore: ad es. grigio)***
4) „T-RexSkull_Rod“ ***(Colore: ad es. grigio)***

5.7.4 Suggerimenti sulle impostazioni di affettatura per stampa:

„T-RexSkull Skull“ :
(**Durata: ca. 11 h**)

- Altezza dello strato: 0.16 mm
- Densità del riempimento: 20 %
- Abilita stiratura?: no
- **Supporto?: si (angolo: 60°, densità: 15 %) vedi *Fig. 51***

- **Tipo di adesione: Brim (Larghezza: 10 mm; Linee: 25; interno: si)**

„T-RexSkull Jaw":
(Durata: ca. 5 h)

- Altezza dello strato: 0.16 mm
- Densità del riempimento: 20 %
- Abilita stiratura?: no
- **Supporto?: si (angolo: 60°, densità: 15 %) vedi *Fig. 51***
- **Tipo di adesione: Brim (Larghezza: 10 mm; Linee: 25; interno: si)**

„T-Rex Base":
(Durata: ca. 5 h)

- Altezza dello strato: 0.16 mm
- Densità del riempimento: 20 %
- Abilita stiratura?: si
- Supporto?: no
- Tipo di adesione: Skirt (2 Linee, 5 mm di distanza)

„T-Rex Rod":
(Durata: ca. 0,5 h)

- Altezza dello strato: 0.16 mm
- Densità del riempimento: 20 %
- Abilita stiratura?: no
- **Supporto?: si (angolo: 60°, densità: 15 %) vedi *Fig. 51***
- **Tipo di adesione: Brim (Larghezza: 10 mm; Linee: 25; interno: si)**

5.7.5 Posizionamento sul piano di stampa (per stampa):

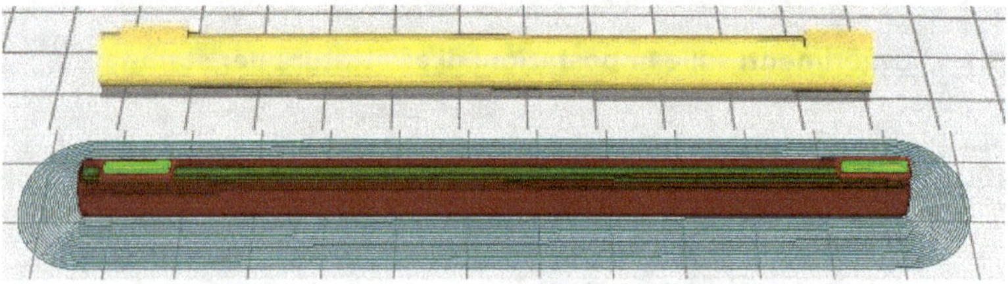

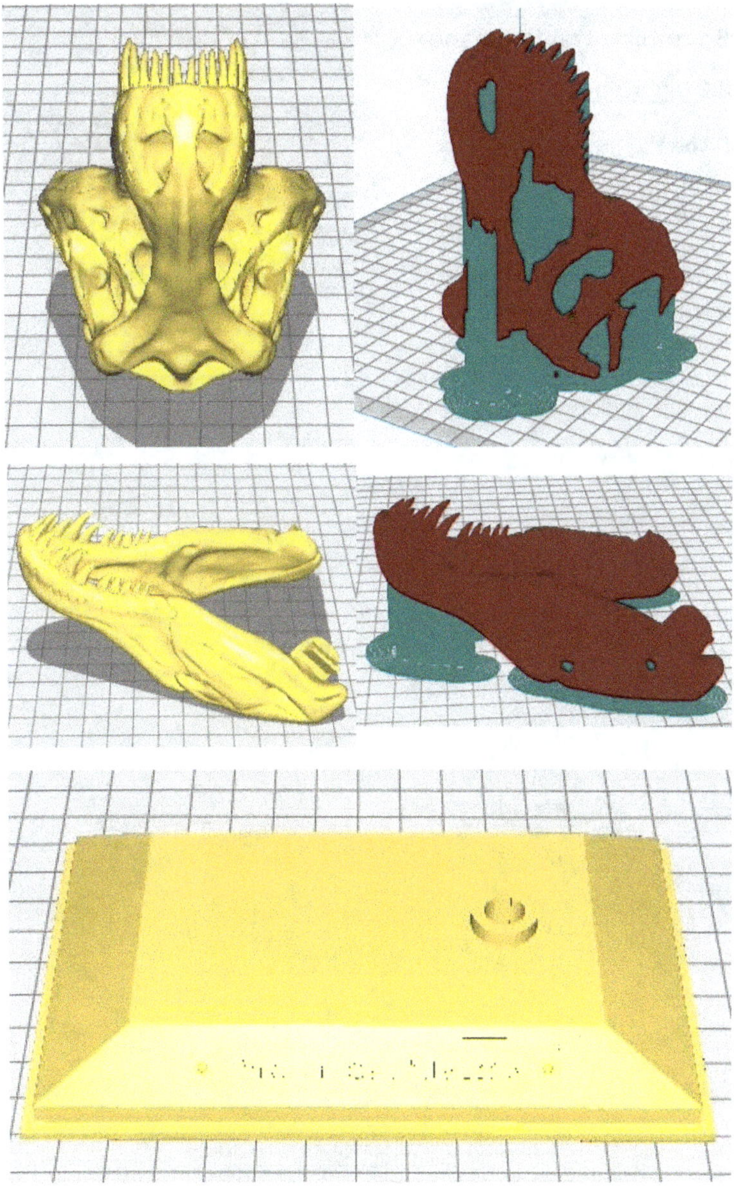

Figura 51: Lavori di stampa (1 immagine = 1 lavoro di stampa)

5.8 Scultura: cranio umano

5.8.1 Descrizione:

Difficoltà*:
Durata: **ca. 11 h**
Materiale: **ca. 245 g**

Scaricare gratis: Thingiverse
Ricerca per: „Human Skull"
Designer: „MakerBot"
Link: https://www.thingiverse.com/thing:622390
Materiale addizionale: ---

* (su)

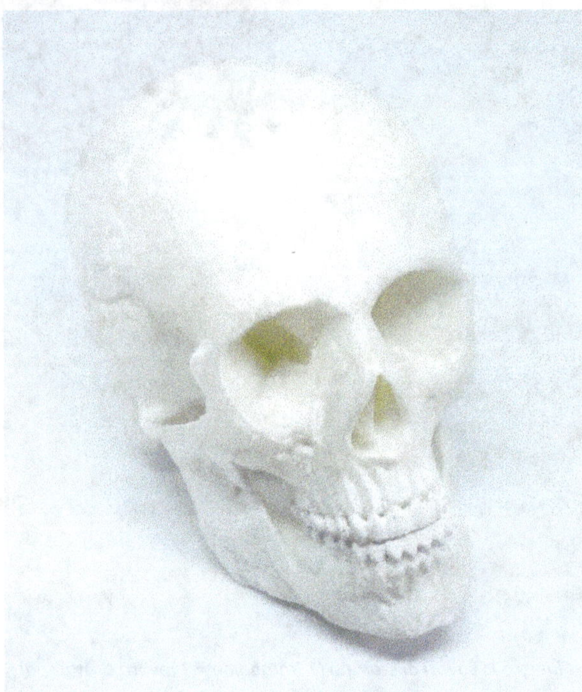

5.8.2 Suggerimenti per la modifica e il posizionamento:

Rotazione di tutti i singoli oggetti come nella vista della *Fig. 52:*

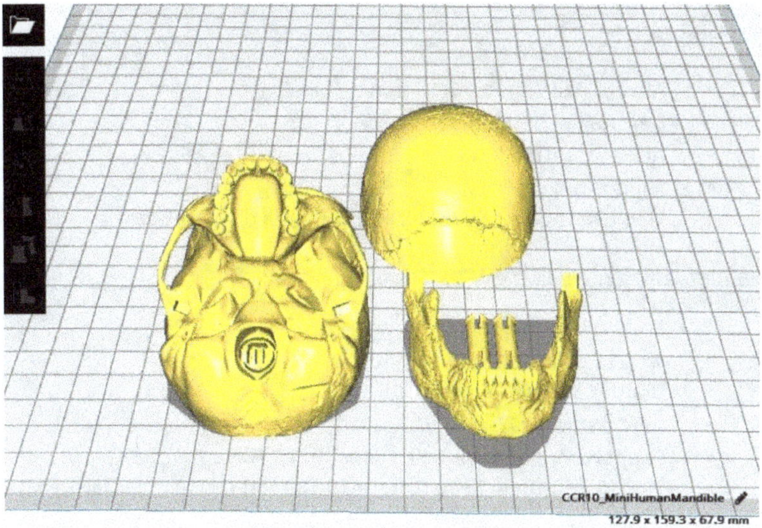

Figura 52: Vista di tutti i file da stampare (1x volte ciascuno)

5.8.3 Combinazione per lavoro di stampa (o singolo):

3) „MiniHumanSkull1" ***(Colore: ad es. bianco)***
4) „MiniHumanSkull2" ***(Colore: ad es. bianco)***
5) „MiniHumanMandible" ***(Colore: ad es. bianco)***

Per la dimensione umana originale tutte le parti devono essere scalate al 240%!

5.8.4 Suggerimenti sulle impostazioni di affettatura per stampa:

„MiniHumanSkull1" :
(Durata: ca. 5 h)

- Altezza dello strato: 0.16 mm
- Densità del riempimento: 25 %
- Abilita stiratura?: no
- Supporto?: no

- Tipo di adesione: Skirt (2 Linee, 5 mm di distanza)

„MiniHumanSkull2“:
(Durata: ca. 4 h)

- Altezza dello strato: 0.16 mm
- Densità del riempimento: 25 %
- Abilita stiratura?: no
- Supporto?: no
- Tipo di adesione: Skirt (2 Linee, 5 mm di distanza)

„MiniHumanMandible“:
(Durata: ca. 2 h)

- Altezza dello strato: 0.16 mm
- Densità del riempimento: 25 %
- Abilita stiratura?: no
- **Supporto?: si (angolo: 60°, densità: 15 %) vedi *Fig. 53***
- **Tipo di adesione: Brim (Larghezza: 8 mm; Linee: 20; interno: si)**

5.8.5 Posizionamento sul piano di stampa (per stampa):

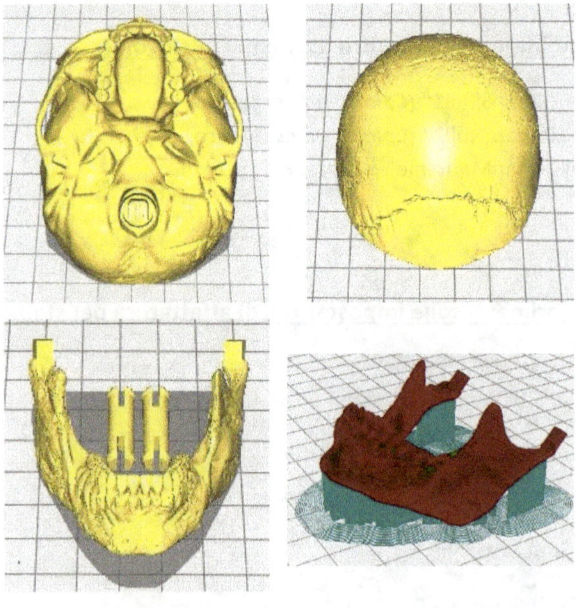

Figura 53: Lavori di stampa (1 immagine = 1 lavoro di stampa)

5.9 Scultura: cane "low poly"

5.9.1 Descrizione:

Difficoltà*: **+**
Durata: **ca. 3,5 h**
Materiale: **ca. 22 g**

Scaricare gratis: Thingiverse
Ricerca per: „low poly dog"
Designer: „AndrewSink"
Link: [*https://www.thingiverse.com/thing:2797399*](https://www.thingiverse.com/thing:2797399)
Materiale addizionale: ---

* (su)

5.9.2 Suggerimenti per la modifica e il posizionamento:

Rotazione di tutti i singoli oggetti come nella vista della *Fig. 54:*

Figura 54: Vista di tutti i file da stampare (1x volte ciascuno)

5.9.3 Suggerimenti sulle impostazioni di affettatura per stampa:

„Low Poly Dog":
(Durata: ca. 3,5 h)

- **Colore: ad es. bianco**
- Altezza dello strato: 0.16 mm
- Densità del riempimento: 20 %
- Abilita stiratura?: no
- **Supporto?: si (angolo: 60°, densità: 15 %) vedi *Fig. 54***
- **Tipo di adesione: Brim (Larghezza: 8 mm; Linee: 20; interno: si)**

5.10 Scultura: cavallo "low poly"

5.10.1 Descrizione:

Difficoltà*: +
Durata: ca. 6,5 h
Materiale: ca. 55 g

Scaricare gratis: Thingiverse
Ricerca per: „low poly horse"
Designer: „chemlife"
Link: https://www.thingiverse.com/thing:925638
Materiale addizionale: ---

* (su)

5.10.2 Suggerimenti per la modifica e il posizionamento:

Rotazione di tutti i singoli oggetti come nella vista della *Fig. 55:*

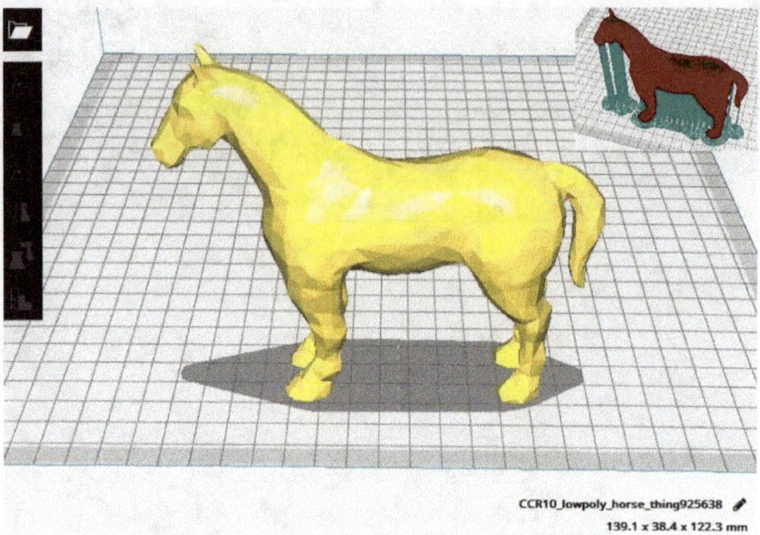

Figura 55: Vista di tutti i file da stampare (1x volte ciascuno)

5.10.3 Suggerimenti sulle impostazioni di affettatura per stampa:

„aaaaaHorse_t2“:
(**Durata: ca. 6,5 h**)

- **Colore: ad es. bianco**
- Altezza dello strato: 0.16 mm
- Densità del riempimento: 20 %
- Abilita stiratura?: no
- **Supporto?: si (angolo: 60°, densità: 15 %) vedi *Fig. 55***
- **Tipo di adesione: Brim (Larghezza: 8 mm; Linee: 20; interno: si)**

5.11 Vaso (a nido d'ape)

5.11.1 Descrizione:

Difficoltà*: +
Durata: ca. 4 h
Materiale: ca. 24 g

Scaricare gratis: Thingiverse
Ricerca per: „honeycomb vase"
Designer: „eggnot"
Link: *https://www.thingiverse.com/thing:2376777*
Materiale addizionale: ---

* (su)

5.11.2 Suggerimenti per la modifica e il posizionamento:

Rotazione di tutti i singoli oggetti come nella vista della *Fig. 56:*

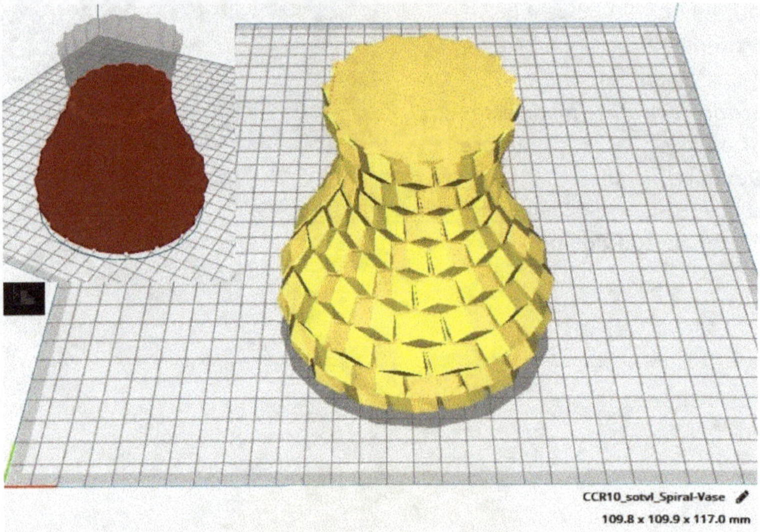

Figura 56: Vista di tutti i file da stampare (1x volte ciascuno)

5.11.3 Suggerimenti sulle impostazioni di affettatura per stampa:

„sotvl Spiral-Vase“:
(Durata: ca. 4 h)

- **Colore: ad es. oro**
- **stampa del contorno esterno con movimento spiraliforme (modo vaso): si**
- **Non impermeabile in modo vaso! (se necessario, utilizzare gli altri file senza il modo vaso)**
- Altezza dello strato: 0.12 mm
- Densità del riempimento: --
- Abilita stiratura?: no
- Supporto?: no
- Tipo di adesione: Skirt (2 Linee, 5 mm di distanza)

6 Giocattoli e giochi da tavolo

6.1 Quattro vittorie

6.1.1 Descrizione:

Difficoltà*:
Durata: **ca. 5,5 h**
Materiale: **ca. 33 g**

Scaricare gratis: Thingiverse
Ricerca per: „4 in a row"
Designer: „Tibuwi"
Link: https://www.thingiverse.com/thing:3469041/files
Materiale addizionale: ---

* (su)

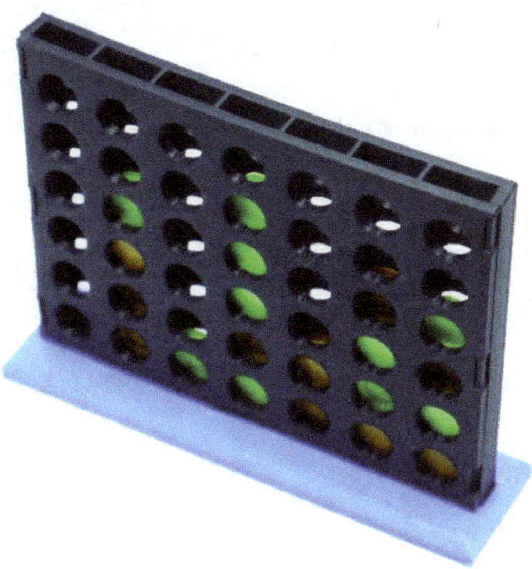

6.1.2 Suggerimenti per la modifica e il posizionamento:

Rotazione di tutti i singoli oggetti come nella vista della *Fig. 57:*

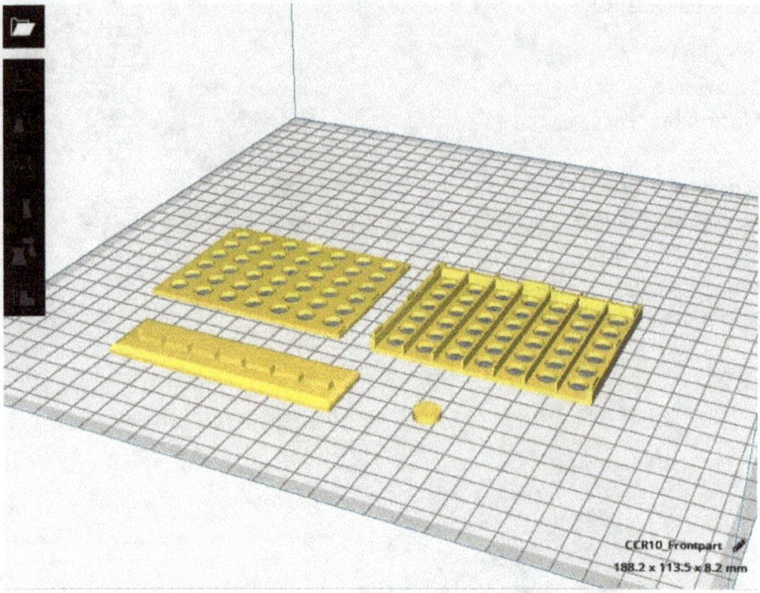

Figura 57: Vista di tutti i file da stampare (1x volte ciascuno)

6.1.3 Combinazione per lavoro di stampa (o singolo):

1) „Frontpart" & „Backpart" ***(Colore: ad es. nero)***
2) „Stand" ***(Colore: ad es. blu)***
3) „Gamechips" ***(Colore: ad es. oro & verde)***

6.1.4 Suggerimenti sulle impostazioni di affettatura per stampa:

„Frontpart" & „Backpart":
(**Durata: ca. 3,5 h**)

- Altezza dello strato: 0.16 mm
- Densità del riempimento: 20%
- Abilita stiratura?: si
- Supporto?: senza
- Tipo di adesione: Skirt (2 Linee, 5 mm di distanza)

„Stand":
(Durata: ca. 1 h)

- Altezza dello strato: 0.16 mm
- Densità del riempimento: 20%
- Abilita stiratura?: si
- Supporto?: senza
- Tipo di adesione: Skirt (2 Linee, 5 mm di distanza)

„Gamechips":
(Durata: totale ca. 1 h)

- **Numero: 21 pezzi per colore**
- Altezza dello strato: 0.12 mm
- Densità del riempimento: 30%
- Abilita stiratura?: si
- Supporto?: senza
- Tipo di adesione: Skirt (2 Linee, 5 mm di distanza)

6.1.5 Posizionamento sul piano di stampa (per stampa):

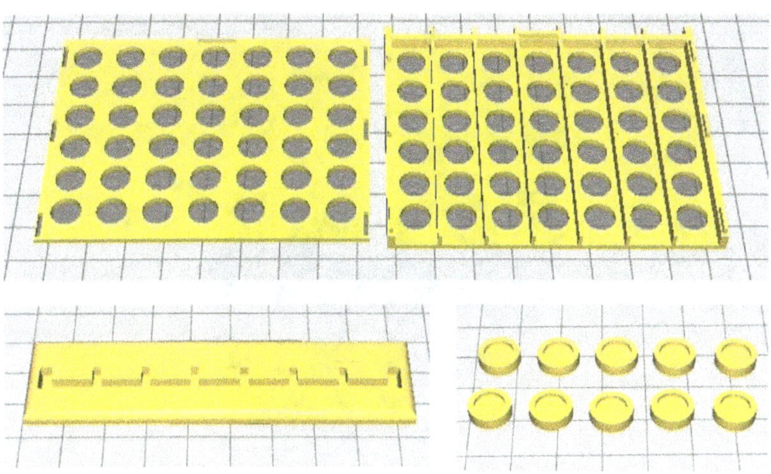

Figura 58: Lavori di stampa (1 immagine = 1 lavoro di stampa)

6.2 "Air-Spinner"

6.2.1 Descrizione:

Difficoltà*:
Durata: ca. 3 h
Materiale: ca. 14 g

Scaricare gratis: Thingiverse
Ricerca per: „air spinner"
Designer: „walter"
Link: https://www.thingiverse.com/thing:2823006
Materiale addizionale: ---

* (su)

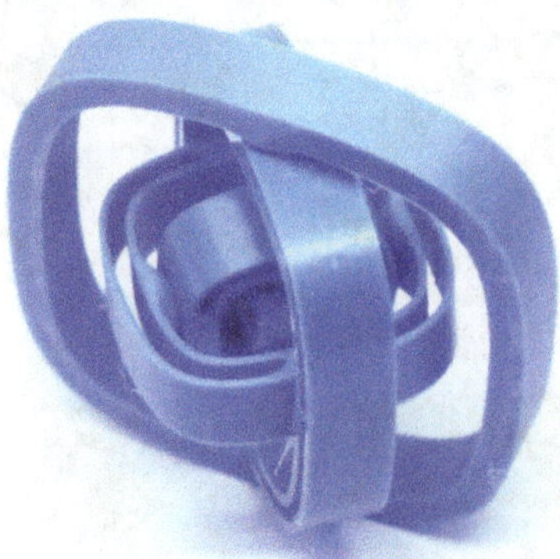

6.2.2 Suggerimenti per la modifica e il posizionamento:

ad es. „Air_Spinner_2_-_Hollow“ come nella *Fig. 59:*

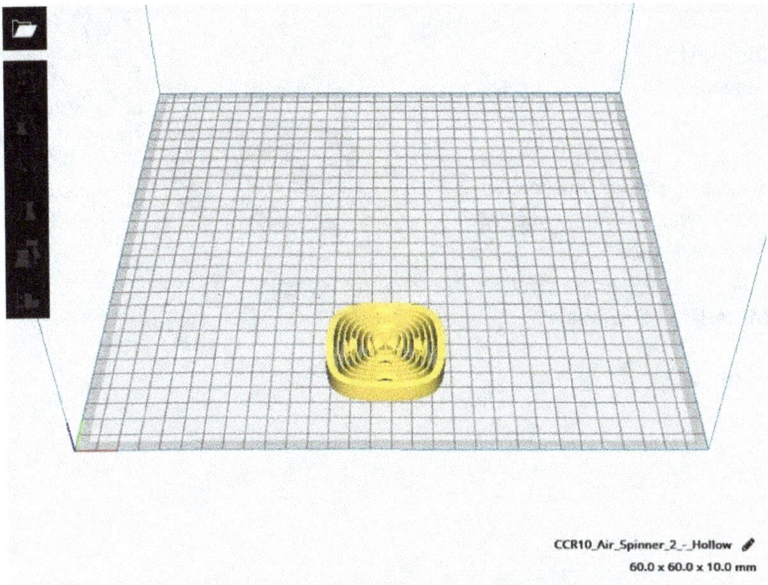

Figura 59: Vista di tutti i file da stampare (1x volte ciascuno)

6.2.3 Suggerimenti sulle impostazioni di affettatura per stampa:

„ Air Spinner 2 - Hollow “:
(Durata: ca. 3 h)

- **Colore: ad es. blu**
- Altezza dello strato: 0.12 mm
- Densità del riempimento: 20%
- Abilita stiratura?: si
- Supporto?: senza
- Tipo di adesione: Skirt (2 Linee, 5 mm di distanza)

6.3 Puzzle: mondo animale

6.3.1 Descrizione:

Difficoltà*:

Durata: **ca. 5,5 h**

Materiale: **ca. 53 g**

Scaricare gratis: Thingiverse

Ricerca per: „animals puzzle"

Designer: „guss67"

Link: https://www.thingiverse.com/thing:2777352

Materiale addizionale: ---

* (su)

6.3.2 Suggerimenti per la modifica e il posizionamento:

Posizionamento sul piano di stampa e scalare come nella *Fig. 60:*

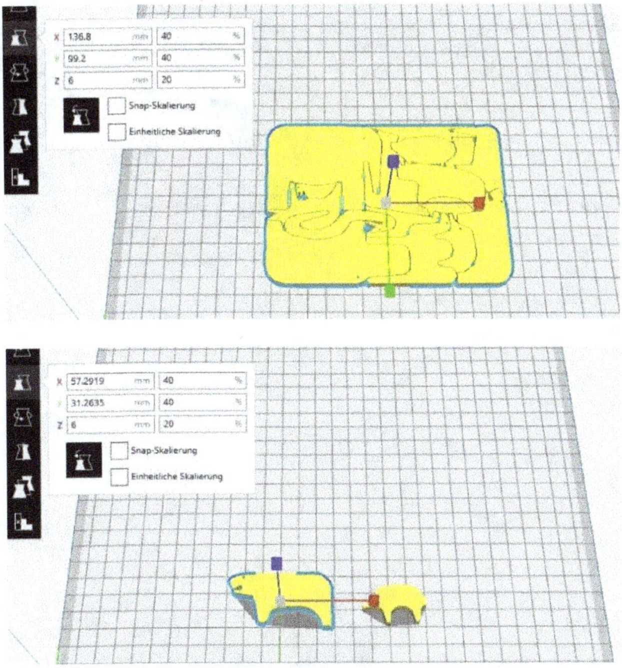

Figura 60: Vista di tutti i file da stampare (1x volte ciascuno)

6.3.3 Suggerimenti sulle impostazioni di affettatura per stampa:

„animals puzzle" *(completo, monocromatico) o ogni animale singolo (multicolore):*

(Durata: totale ca. 5,5 h)

- **Colore: per animale (o per 2 animali) o un colore per tutto il file**
- **Scalatura non uniforme tutti gli animali (x: 40% , y: 40%, z: 20%) per una stampa più veloce (z) e un formato più piccolo (x, y)**
- Altezza dello strato: 0.16 mm
- Densità del riempimento: 25 %
- Abilita stiratura?: si
- Supporto?: senza
- Tipo di adesione: Skirt (2 Linee, 5 mm di distanza)

6.4 Nodo gordiano

6.4.1 Descrizione:

Difficoltà*:
Durata: **ca. 4,5 h**
Materiale: **ca. 45 g**

Scaricare gratis: Thingiverse
Ricerca per: „gordian knot"
Designer: „Lenbok"
Link: https://www.thingiverse.com/thing:11204
Materiale addizionale: ---

* (su)

6.4.2 Suggerimenti per la modifica e il posizionamento:

Posizionamento sul piano di stampa e scalare come nella *Fig. 61:*

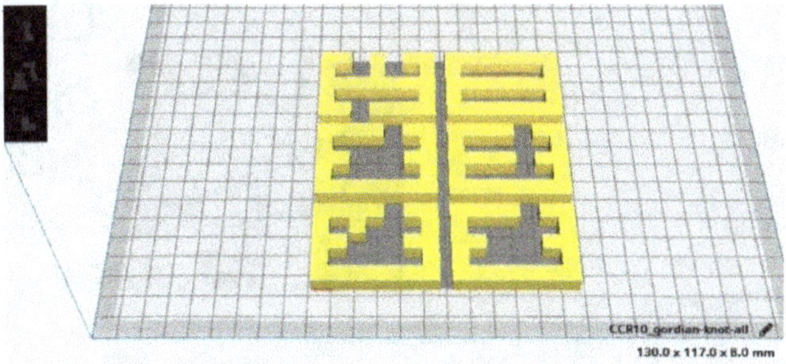

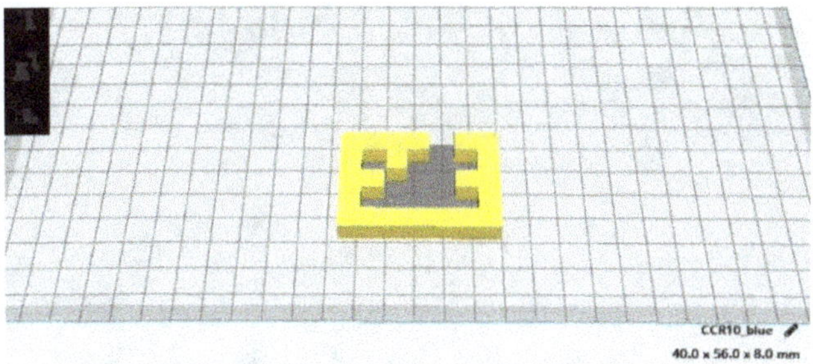

Figura 61: Vista di tutti i file da stampare (1x volte ciascuno)

6.4.3 Suggerimenti sulle impostazioni di affettatura per stampa:

„gordian-knot-all" *(monocromatico) o ogni parte singolo (multicolore):*
(**Durata: totale ca. 5,5 h**)

- **Colore per parte (o per 2 parti) un colore diverso o un colore per l'intero file**
- Altezza dello strato: 0.16 mm
- Densità del riempimento: 20 %
- Abilita stiratura?: si
- Supporto?: senza
- Tipo di adesione: Skirt (2 Linee, 5 mm di distanza)

6.5 Gioco da tavolo: Scacchi (curvo)

6.5.1 Descrizione:

Difficoltà*: +
Durata: ca. 90 h
Materiale: ca. 1100 g

Scaricare gratis: Thingiverse
Ricerca per: „wobbly chess"
Designer: „MikeyB"
Link: https://www.thingiverse.com/thing:53604
Materiale addizionale: ---

* (su)

6.5.2 Suggerimenti per la modifica e il posizionamento:

Rotazione di tutti i singoli oggetti come nella vista della *Fig. 62:*

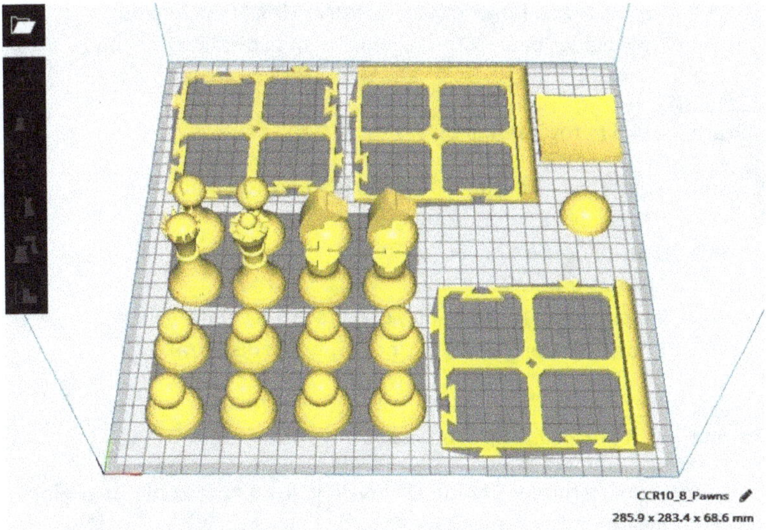

Figura 62: Visualizzazione di tutti i file da stampare (ciascuno visualizzato solo 1x)

6.5.3 Combinazione per lavoro di stampa (o singolo):

1) „Pieces_x_8_support“ ***(2x; ad es. 1x nero & 1x bianco)***
2) „8_Pawns“ ***(2x; ad es. 1x nero & 1x bianco)***
3) „Piece_Base" ***(32x; ad es. grigio)***
4) „Board_Square_x_4 " ***(16x; 8x nero & 8x bianco)***
5) „Board_Center" ***(4x; ad es. verde)***
6) „Board_Corner" ***(4x; ad es. verde)***
7) „Board_Edge" ***(8x; ad es. verde)***

6.5.4 Suggerimenti sulle impostazioni di affettatura per stampa:

„Pieces x 8 support“ :
(Durata: ca. 5,5 h; totale ca. 11 h)

- **Numero: 2x (totale = 16 figure) (1x nero, 1x bianco)**
- Altezza dello strato: 0.16 mm

- Densità del riempimento: 20%
- Abilita stiratura?: no
- **Supporto?: si (angolo: 60°, densità: 15 %) vedi *Fig. 63***
- Tipo di adesione: Skirt (2 Linee, 5 mm di distanza)

„8 Pawns":
(Durata: ca. 4,5 h; totale ca. 9 h)

- **Numero: 2x (totale =16 figure) (1x nero, 1x bianco)**
- Altezza dello strato: 0.16 mm
- Densità del riempimento: 20%
- Abilita stiratura?: no
- **Supporto?: si (angolo: 60°, densità: 15 %) vedi *Fig. 63***
- Tipo di adesione: Skirt (2 Linee, 5 mm di distanza)

„Piece Base":
(Durata: per 8 pezzi ca. 3 h; totale ca. 12 h)

- **Numero totale: 32x (ad es. diviso in 4 x 8 pezzi; Colore: grigio)**
- Altezza dello strato: 0.16 mm
- Densità del riempimento: 20%
- Abilita stiratura?: no
- **Supporto?: si (angolo: 60°, densità: 15 %) vedi *Fig. 63***
- Tipo di adesione: Skirt (2 Linee, 5 mm di distanza)

„Board Square x 4":
(Durata: per 16 pezzi ca. 9,5 h; totale ca. 38 h)

- **Numero totale: 64x (ad es. diviso in 4 x 16 pezzi; Colore: 32 nero, 32 bianco)**
- Altezza dello strato: 0.2 mm
- Densità del riempimento: 20%
- Abilita stiratura?: no
- Supporto?: no
- Tipo di adesione: Skirt (2 Linee, 5 mm di distanza)

„Board Center":
(Durata: per 2 pezzi ca. 2 h; totale ca. 4 h)

- **Numero totale: 4x (ad es. diviso in 2 x 2 pezzi; Colore: ad es. verde)**

- Altezza dello strato: 0.2 mm
- Densità del riempimento: 20%
- Abilita stiratura?: no
- Supporto?: no
- Tipo di adesione: Skirt (2 Linee, 5 mm di distanza)

„Board Corner":
(Durata: per 2 pezzi ca. 3 h; totale ca. 6 h)

- **Numero totale: 4x (ad es. diviso in 2 x 2 pezzi; Colore: ad es. verde)**
- Altezza dello strato: 0.2 mm
- Densità del riempimento: 20%
- Abilita stiratura?: no
- Supporto?: no
- Tipo di adesione: Skirt (2 Linee, 5 mm di distanza)

„Board Edge":
(Durata: per 2 pezzi ca. 2,5 h; totale ca. 10 h)

- **Numero totale: 8x (ad es. diviso in 4 x 2 pezzi; Colore: ad es. verde)**
- Altezza dello strato: 0.2 mm
- Densità del riempimento: 20%
- Abilita stiratura?: no
- Supporto?: no
- Tipo di adesione: Skirt (2 Linee, 5 mm di distanza)

6.5.6 Posizionamento sul piano di stampa (per stampa):

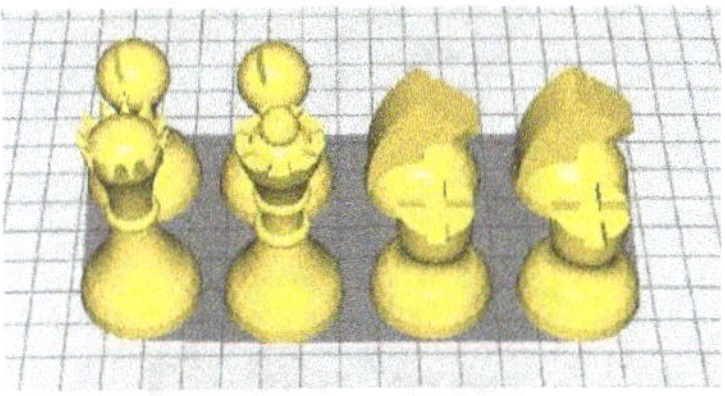
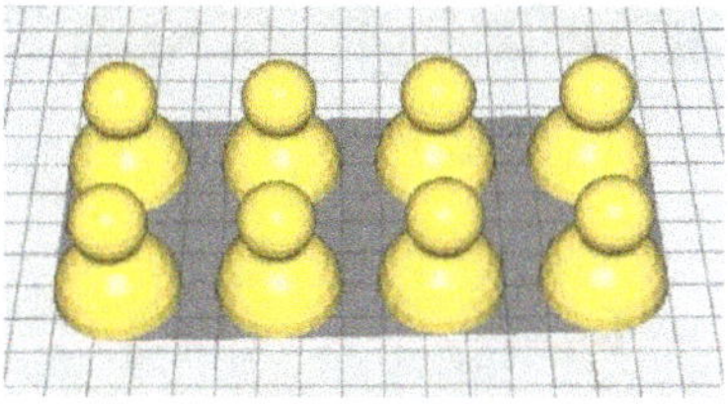
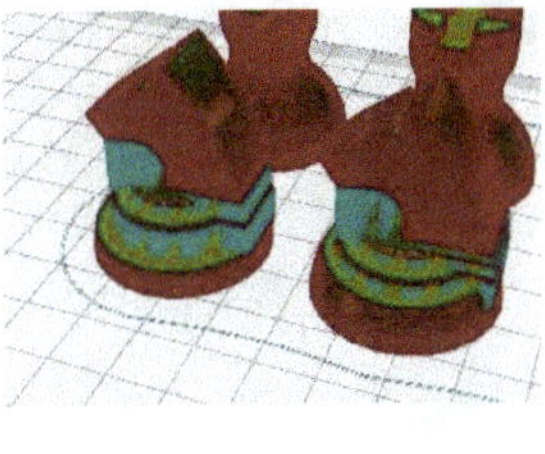
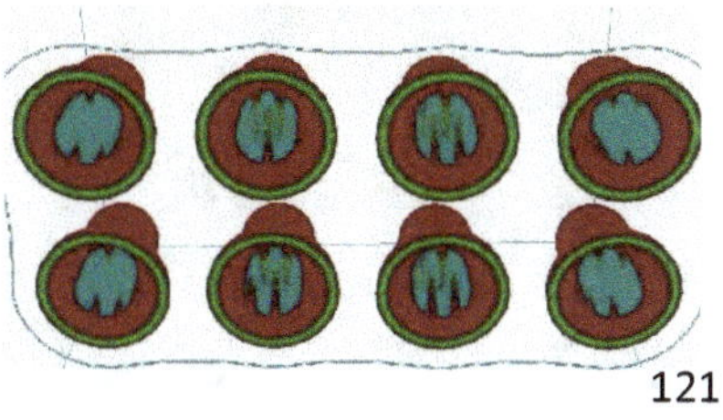

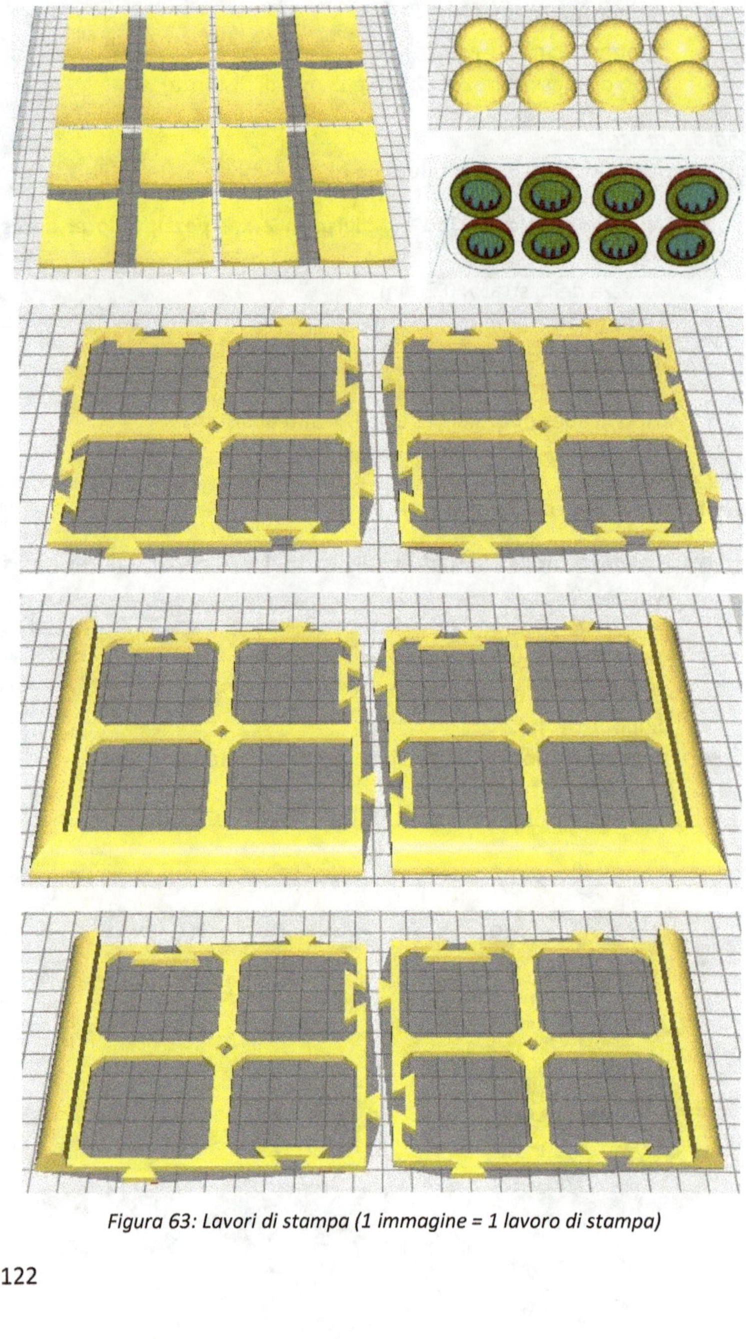

Figura 63: Lavori di stampa (1 immagine = 1 lavoro di stampa)

6.6 Giocattolo: aeroplano con elica

6.6.1 Descrizione:

Difficoltà*: +
Durata: ca. 6 h
Materiale: ca. 79 g

Scaricare gratis: Thingiverse
Ricerca per: „toy plane bolts"
Designer: „PlasilABS"
Link: https://www.thingiverse.com/thing:1642670
Materiale addizionale: ---

* (su)

6.6.2 Suggerimenti per la modifica e il posizionamento:

Rotazione di tutti i singoli oggetti come nella vista della *Fig. 64:*

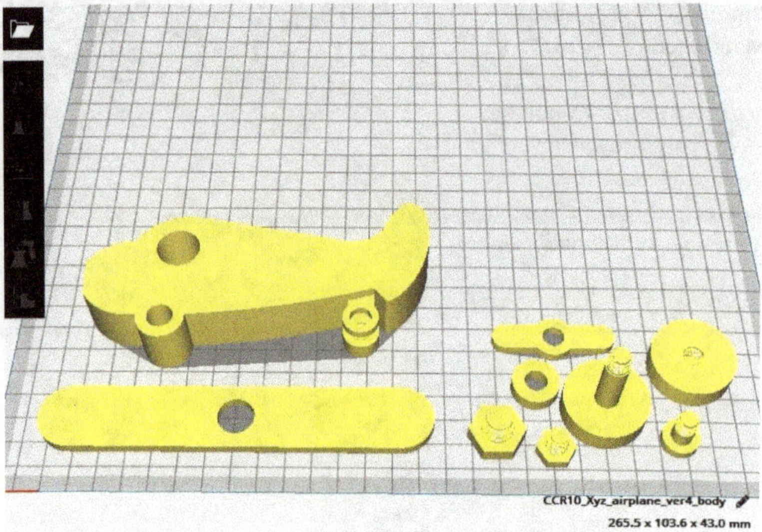

Figura 64: Vista di tutti i file da stampare (1x volte ciascuno)

6.6.3 Combinazione per lavoro di stampa (o singolo):

1) „ Xyz_airplane_ver4_body“ ***(Colore: ad es. blu)***
2) „Xyz_airplane_ver4_wing“ ***(Colore: ad es. nero)***
3) **Parti piccole:** „Xyz_airplane_ver4_prop_bolt“ & „Xyz_airplane_ver4_propeller“ & „Xyz_airplane_ver4_rear_bolt“ & „Xyz_airplane_ver4_rear_wheel“ & „Xyz_airplane_ver4_wheel_Left“ & „Xyz_airplane_ver4_wheel_Right“ & „Xyz_airplane_ver4_wing_bolt“ ***(Colore: ad es. nero)***

6.6.4 Suggerimenti sulle impostazioni di affettatura per stampa:

„Xyz airplane ver4 body":
(**Durata: ca. 4 h**)

- Altezza dello strato: 0.16 mm
- Densità del riempimento: 20 %
- Abilita stiratura?: si
- **Supporto?: si (angolo: 60°, densità: 15 %) vedi *Fig. 65***
- Tipo di adesione: Skirt (2 Linee, 5 mm di distanza)

„Xyz airplane ver4 wing":
(Durata: ca. 1 h)

- Altezza dello strato: 0.16 mm
- Densità del riempimento: 20 %
- Abilita stiratura?: si
- Supporto?: no
- Tipo di adesione: Skirt (2 Linee, 5 mm di distanza)

Parti piccole (3):
(Durata: ca. 1 h)

- Altezza dello strato: 0.16 mm
- Densità del riempimento: 20 %
- Abilita stiratura?: si
- Supporto?: no
- Tipo di adesione: Skirt (2 Linee, 5 mm di distanza)

6.6.5 Posizionamento sul piano di stampa (per stampa):

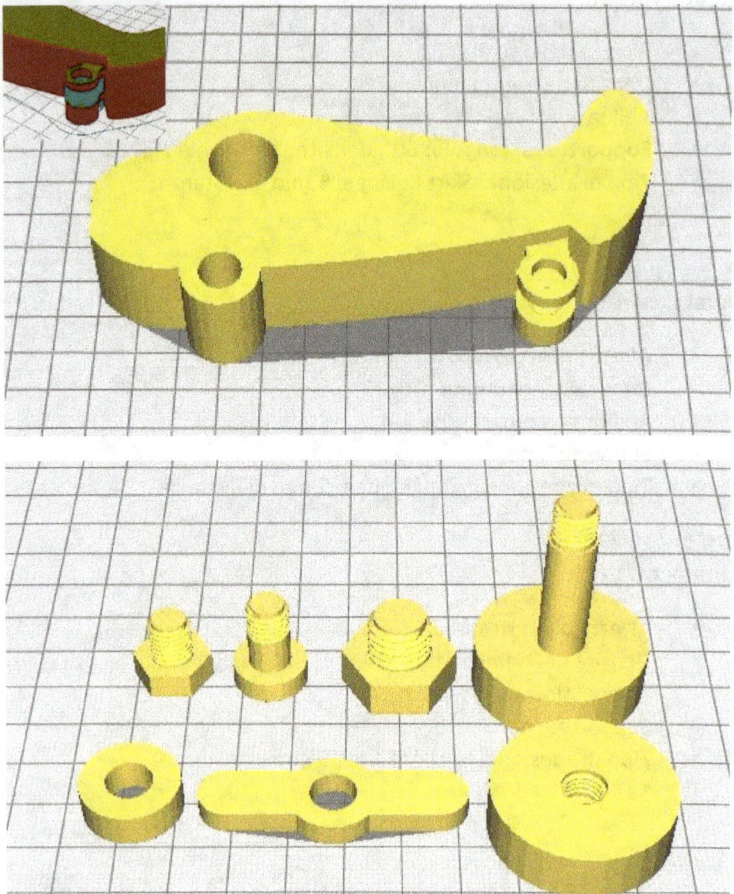

Figura 65: Lavori di stampa (1 immagine = 1 lavoro di stampa)

7 Immagazzinamento

7.1 Supporto per scheda SD

7.1.1 Descrizione:

Difficoltà*:
Durata: **ca. 2,5 h**
Materiale: **ca. 8 g**

Scaricare gratis: Thingiverse
Ricerca per: „parametric sd card"
Designer: „bikecyclist"
Link: https://www.thingiverse.com/thing:3470191
Materiale addizionale: ---

* (su)

7.1.2 Suggerimenti per la modifica e il posizionamento:

Posizionamento sul piano di stampa come nella *Fig. 66:*

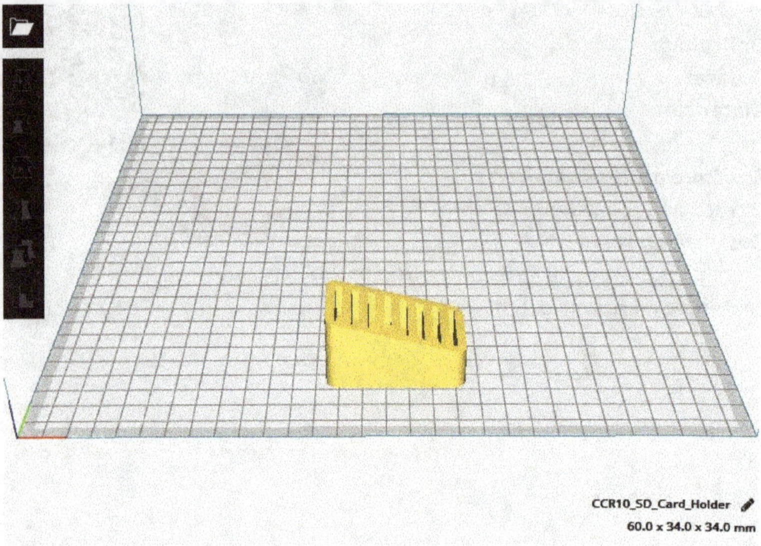

Figura 66: Vista di tutti i file da stampare (1x volte ciascuno)

7.1.3 Suggerimenti sulle impostazioni di affettatura per stampa:

„SD Card Holder":
(Durata: ca. 2,5 h)

- **Colore: ad es. nero**
- Altezza dello strato: 0.16 mm
- Densità del riempimento: 20%
- Abilita stiratura?: si
- Supporto?: senza
- Tipo di adesione: Skirt (2 Linee, 5 mm di distanza)

7.2 Gancio per asciugamani

7.2.1 Descrizione:

Difficoltà*:

Durata: ca. 2,5 h

Materiale: ca. 6 g

Scaricare gratis: Thingiverse

Ricerca per: „towel hook"

Designer: „bradk2012"

Link: [*https://www.thingiverse.com/thing:32408*](https://www.thingiverse.com/thing:32408)

Materiale addizionale: ---

* (su)

7.2.2 Suggerimenti per la modifica e il posizionamento:

Posizionamento sul piano di stampa come nella *Fig. 67:*

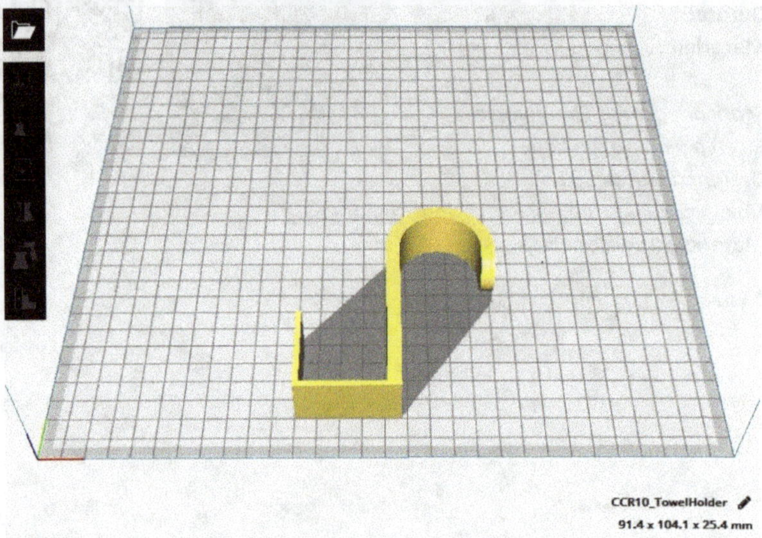

Figura 67: Vista di tutti i file da stampare (1x volte ciascuno)

7.2.3 Suggerimenti sulle impostazioni di affettatura per stampa:

„TowelHolder":
(**Durata: ca. 2,5 h**)

- **Colore: ad es. nero**
- Altezza dello strato: 0.16 mm
- Densità del riempimento: 50%
- Abilita stiratura?: si
- Supporto?: senza
- Tipo di adesione: Skirt (2 Linee, 5 mm di distanza)

7.3 Supporto per le borse della spesa in macchina

7.3.1 Descrizione:

Difficoltà*:

Durata: **ca. 5 h**

Materiale: **ca. 16 g**

Scaricare gratis: Thingiverse

Ricerca per: „seatback bag hooks"

Designer: „YoungBuck"

Link: https://www.thingiverse.com/thing:128136

Materiale addizionale: ---

* (su)

7.3.2 Suggerimenti per la modifica e il posizionamento:

Posizionamento sul piano di stampa e rotazione come nella *Fig. 68:*

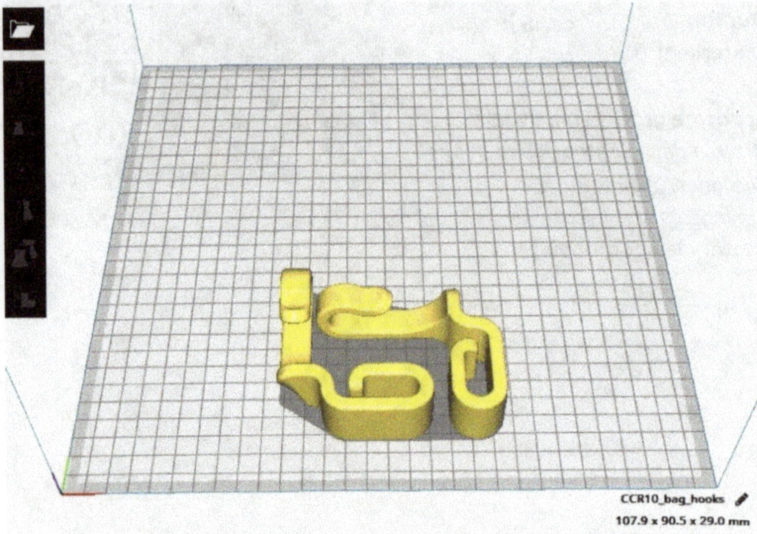

Figura 68: Vista di tutti i file da stampare (1x volte ciascuno)

7.3.3 Suggerimenti sulle impostazioni di affettatura per stampa:

„bag hooks norkless":
(Durata: ca. 5 h)

- **Colore: ad es. nero**
- Altezza dello strato: 0.16 mm
- Densità del riempimento: 40 %
- Abilita stiratura?: no
- **Supporto?: si (angolo: 60°, densità: 15 %) vedi *Fig. 69***
- Tipo di adesione: Skirt (2 Linee, 5 mm di distanza)

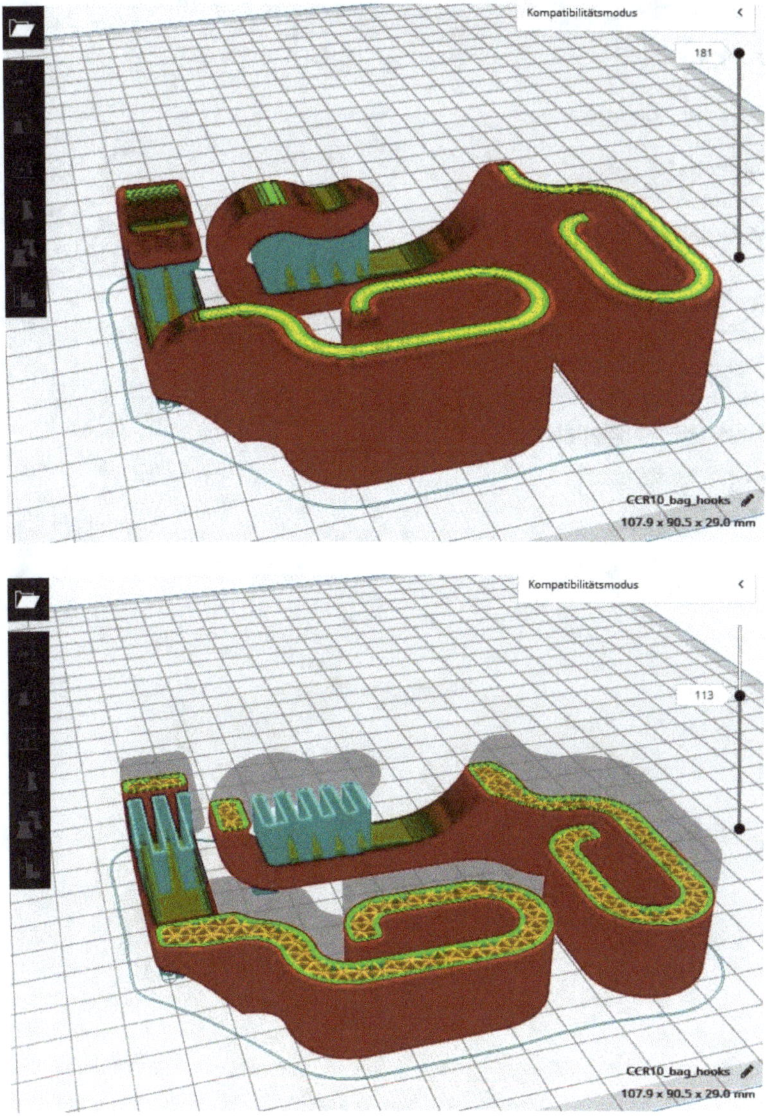

Figura 69: Lavori di stampa (vista strato)

7.4 Ciotola

7.4.1 Descrizione:

Difficoltà*:
Durata: ca. 7 h
Materiale: ca. 59 g

Scaricare gratis: Thingiverse
Ricerca per: „basket bowl"
Designer: „Robine"
Link: https://www.thingiverse.com/thing:2852321
Materiale addizionale: ---

* (su)

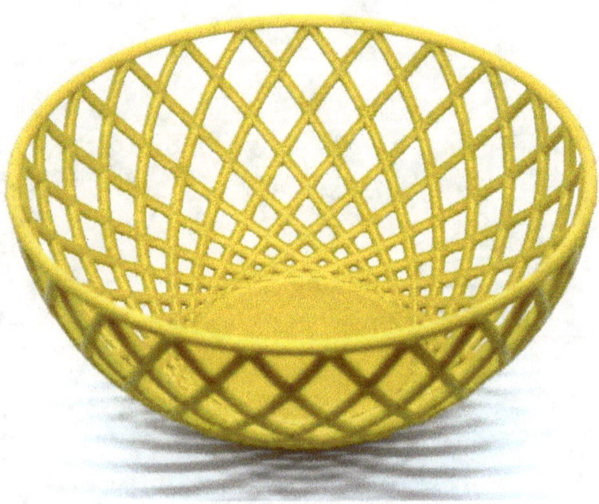

7.4.2 Suggerimenti per la modifica e il posizionamento:

„basket_bowl" come nella *Fig. 70:*

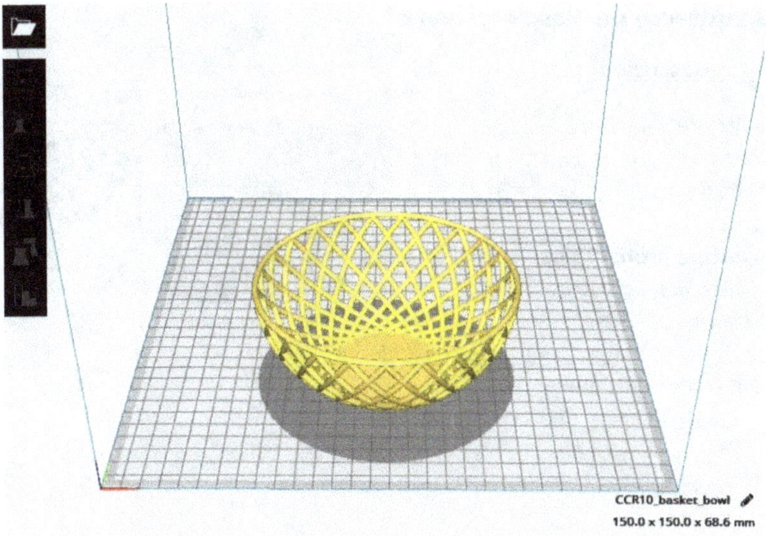

Figura 70: Vista di tutti i file da stampare (1x volte ciascuno)

7.4.3 Suggerimenti sulle impostazioni di affettatura per stampa:

„basket_bowl":
(**Durata: ca. 7 h**)

- **Colore: ad es. oro**
- Altezza dello strato: 0.2 mm
- Densità del riempimento: 25%
- Abilita stiratura?: no
- Supporto?: no
- Tipo di adesione: Skirt (2 Linee, 5 mm di distanza)

8 Accessori per utensili

8.1 Attacco per l'aspirapolvere

8.1.1 Descrizione:

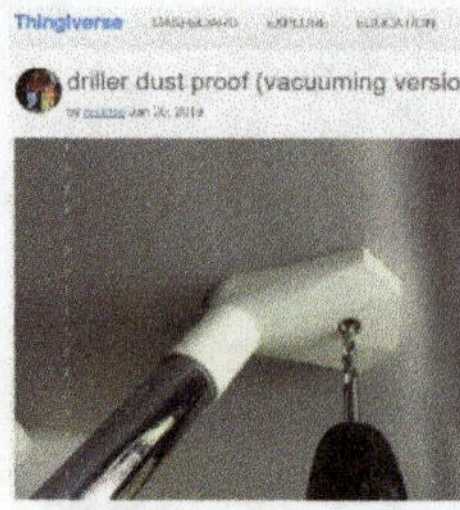

Difficoltà*:
Durata: ca. 5,5 h
Materiale: ca. 46 g

Scaricare gratis: Thingiverse
Ricerca per: „driller dust proof"
Designer: „celiktse"
Link: https://www.thingiverse.com/thing:3368270
Materiale addizionale: ---

* (su)

8.1.2 Suggerimenti per la modifica e il posizionamento:

Posizionamento sul piano di stampa come nella *Fig. 71:*

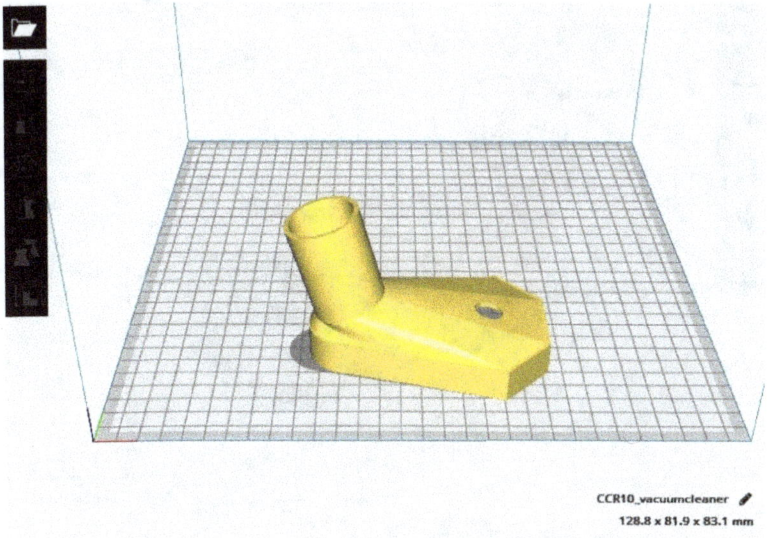

Figura 71: Vista di tutti i file da stampare (1x volte ciascuno)

8.1.3 Suggerimenti sulle impostazioni di affettatura per stampa:

„vacuumcleaner":
(Durata: ca. 5,5 h)

- **Colore: ad es. nero**
- Altezza dello strato: 0.16 mm
- Densità del riempimento: 20%
- Abilita stiratura?: no
- **Supporto?: si (angolo: 60°, densità: 15 %) vedi *Fig. 72***
- Tipo di adesione: Brim (Larghezza: 6 mm; Linee: 15; interno: si)

8.1.4 Supporto:

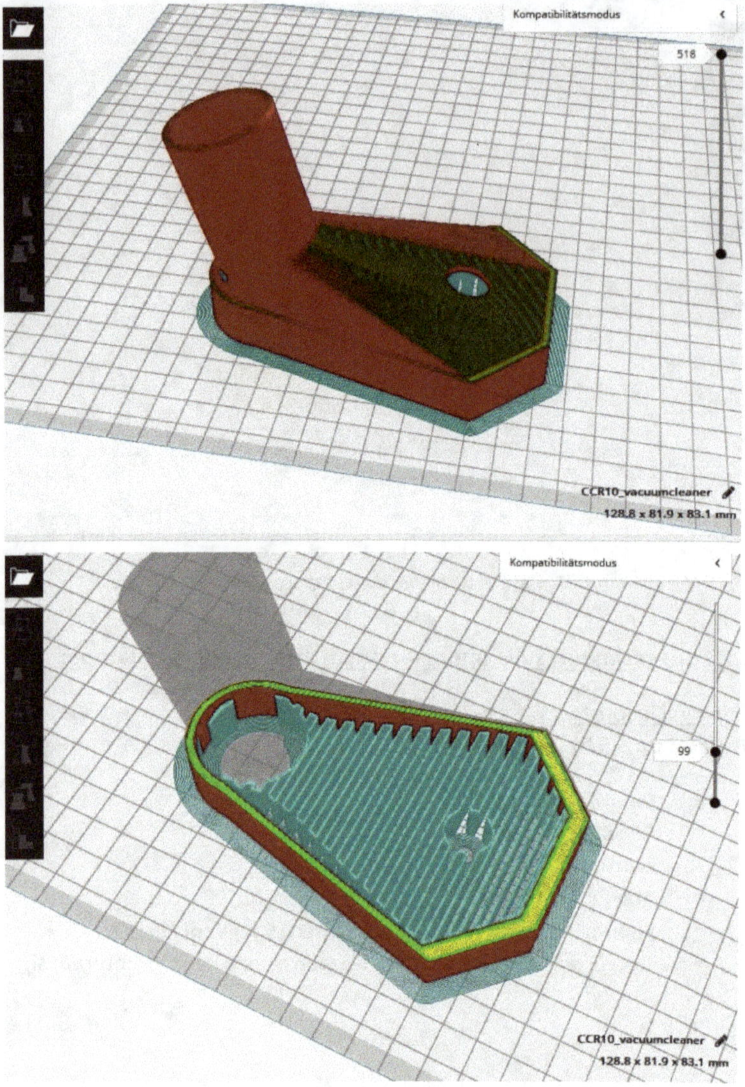

Figura 72: Illustrazione delle strutture di supporto posizionate

8.2 Supporto per pinze

8.2.1 Descrizione:

Difficoltà*:
Durata: ca. 5,5 h
Materiale: ca. 52 g

Scaricare gratis: Thingiverse
Ricerca per: „pliers stand"
Designer: „arhis"
Link: https://www.thingiverse.com/thing:2572892
Materiale addizionale: ---

* (su)

8.2.2 Suggerimenti per la modifica e il posizionamento:

Rotazione di tutti i singoli oggetti come nella vista della *Fig. 73:*

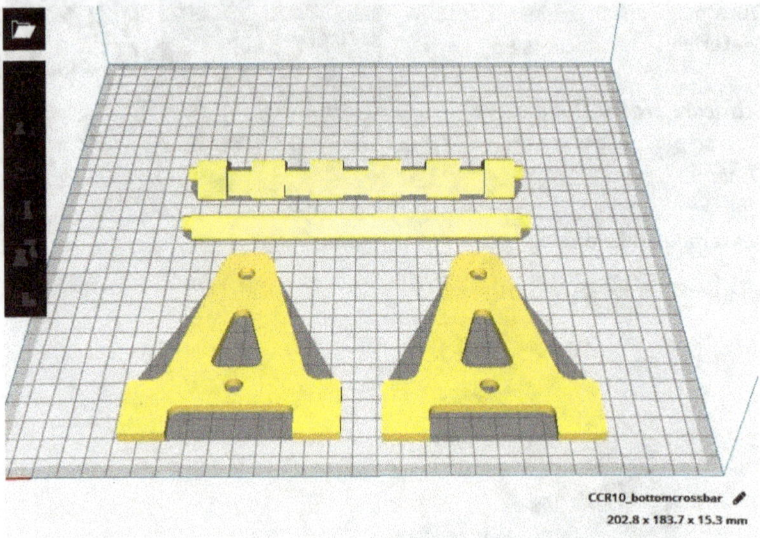

Figura 73: Vista di tutti i file da stampare (1x volte ciascuno)

8.2.3 Combinazione per lavoro di stampa (o singolo):

1) „side" ***(Colore: ad es. nero)***
2) „bottomcrossbar" & „uppercrossbar" ***(Colore: ad es. nero)***

8.2.4 Suggerimenti sulle impostazioni di affettatura per stampa:

„side":
(Durata: ca. 3 h)

- **Numero: 2 pezzi (in una sola stampa)**
- Altezza dello strato: 0.16 mm
- **Scalatura non uniforme delle piastre laterali (x: 100% , y: 100%, z: 70%) per una stampa più veloce (z)**
- Densità del riempimento: 25%
- Abilita stiratura?: si
- Supporto?: senza

- Tipo di adesione: Skirt (2 Linee, 5 mm di distanza)

„bottomcrossbar“ & „uppercrossbar“:
(Durata: ca. 2,5 h)

- Altezza dello strato: 0.16 mm
- Densità del riempimento: 25%
- Abilita stiratura?: no
- **Supporto?: si (angolo: 60°, densità: 15 %) vedi Fig. 74**
- Tipo di adesione: Skirt (2 Linee, 5 mm di distanza)

8.2.5 Posizionamento sul piano di stampa (per stampa):

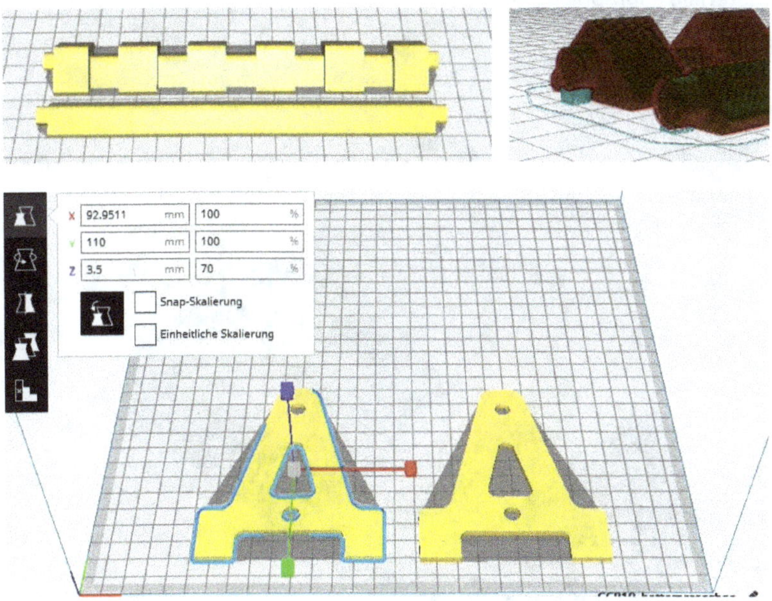

Figura 74: Lavori di stampa (1 immagine = 1 lavoro di stampa)

Se necessario, rifare leggermente i fori nelle parti laterali con un trapano a mano, se i componenti non possono essere tappati insieme facilmente.

8.3 Vise

8.3.1 Descrizione:

Difficoltà*: +
Durata: ca. 19,5 h
Materiale: ca. 166 g

Scaricare gratis: Thingiverse
Ricerca per: „machine vise"
Designer: „TheGoofy"
Link: https://www.thingiverse.com/thing:2064269
Materiale addizionale: ---

* (su)

8.3.2 Suggerimenti per la modifica e il posizionamento:

Rotazione di tutti i singoli oggetti come nella vista della *Fig. 75:*

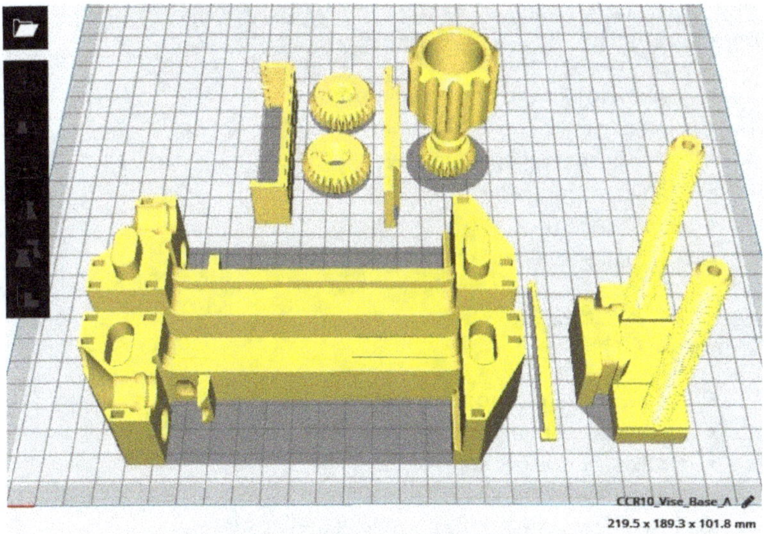

Figura 75: Vista di tutti i file da stampare (1x volte ciascuno)

8.3.3 Combinazione per lavoro di stampa (o singolo):

1) „Vise_Base_A“ & „Vise_Base_B“ ***(Colore: ad es. nero)***
2) 7x „Vise_Base_Clip“ ***(Colore: ad es. verde)***
3) „Vise_Base_Jaw_Plate“ ***(Colore: ad es. verde)***
4) „Vise_Handle“ & 2x „Vise_Main_Gear“ & „Vise_Sliding_Jaw“ & „Vise_Sliding_Jaw_Plate“ ***(Colore: ad es. bianco)***

8.3.4 Suggerimenti sulle impostazioni di affettatura per stampa:

„Vise_Base_A“ & „Vise_Base_B“ :
(**Durata: ca. 10 h**)

- Altezza dello strato: 0.16 mm
- Densità del riempimento: 25 %
- Abilita stiratura?: si
- Supporto?: no

- Tipo di adesione: Skirt (2 Linee, 5 mm di distanza)

„Vise Base Clip“:
(Durata: ca. 0,5 h)

- **Numero: 7 pezzi (in una sola stampa)**
- Altezza dello strato: 0.16 mm
- Densità del riempimento: 25 %
- Abilita stiratura?: si
- Supporto?: no
- Tipo di adesione: Skirt (2 Linee, 5 mm di distanza)

„Vise Base Jaw Plate“:
(Durata: ca. 4 h)

- Altezza dello strato: 0.16 mm
- Densità del riempimento: 25 %
- Abilita stiratura?: si
- Supporto?: no
- Tipo di adesione: Skirt (2 Linee, 5 mm di distanza)

„Vise Handle“ & 2x „Vise Main Gear“ & „Vise Sliding Jaw“ & „Vise Sliding Jaw Plate“:
(Durata: ca. 5 h)

- Altezza dello strato: 0.16 mm
- Densità del riempimento: 25 %
- Abilita stiratura?: si
- Supporto?: no
- Tipo di adesione: Skirt (2 Linee, 5 mm di distanza)

8.3.5 Posizionamento sul piano di stampa (per stampa):

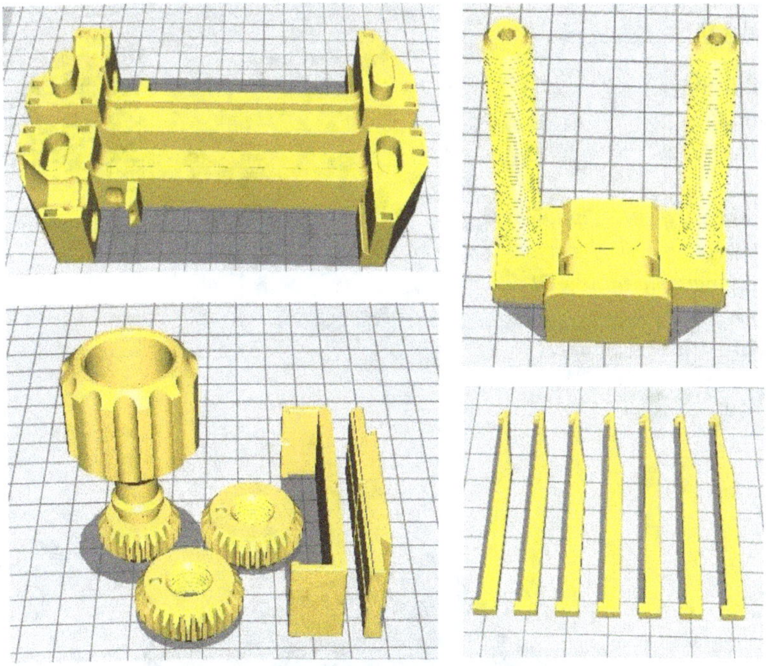

Figura 76: Lavori di stampa (1 immagine = 1 lavoro di stampa)

8.3.6 Montaggio:

Video del designer:

https://youtu.be/mziT7KV-fRI o link Thingiverse nella descrizione (p. 142)

8.4 Piattaforma di sollevamento (stampato assemblato)

8.4.1 Descrizione:

Difficoltà*:

Durata: **ca. 12 h**

Materiale: **ca. 77 g**

Scaricare gratis: Thingiverse

Ricerca per: „platform jack"

Designer: „Intentional3D"

Link: https://www.thingiverse.com/thing:925556

Materiale addizionale: ---

* (su)

8.4.2 Suggerimenti per la modifica e il posizionamento:

Rotazione di tutti i singoli oggetti come nella vista della *Fig. 77:*

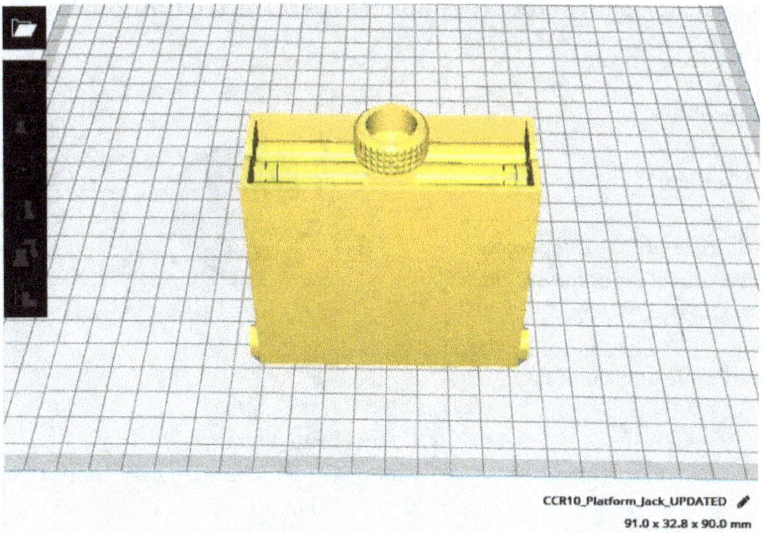

Figura 77: Vista di tutti i file da stampare (1x volte ciascuno)

8.4.3 Suggerimenti sulle impostazioni di affettatura per stampa:

„Platform Jack UPDATED":
(**Durata: ca. 12 h**)

- **Colore: ad es. nero**
- Altezza dello strato: 0.2 mm
- Densità del riempimento: 20 %
- Abilita stiratura?: no
- Supporto?: no
- Tipo di adesione: Skirt (2 Linee, 5 mm di distanza)

Attenzione quando si usa per la prima volta. Estrarre con cautela e allentare le parti!

9 Oggetti complessi (con funzione)

9.1 Orologio da parete (puramente meccanico e funzionale)

9.1.1 Descrizione:

Difficoltà*: +
Durata: ca. 26,5 h
Materiale: ca. 185 g

Scaricare gratis: Thingiverse
Ricerca per: „mechanical clock"
Designer: „TheGoofy"
Link: https://www.thingiverse.com/thing:328569

Materiale addizionale:

- Viti: 6 pezzi M3x12 Viti a testa piatta
  5 pezzi M3x10 Viti a testa piatta
- Perni cilindrici : 1 x 1,5 mm x 40 mm ***(Numero / Ø / Lunghezza)***
  1 x 2,0 mm x 28 mm | 1 x 3,0 mm x 30 mm
  1 x 2,0 mm x 60 mm | 4 x 3,0 mm x 39 mm
  2 x 3,0 mm x 60 mm | 1 x 3,0 mm x 15 mm

* (su)

9.1.2 Combinazione per lavoro di stampa (o singolo):

1) **Gears:** „Crank_Gear_Reduction"; „Gear_Reduction_Minutes_..."; „Gear_Reduction_Seconds_..."; „Gear_Wheel_Hours"; „Gear_Wheel_Minutes"; „Gear_Wheel_Seconds"; „Winding_Gear_Crank"; „Winding_Gear_Pawl"; „Winding_Gear_Transmission"; „Winding_Planet_Ring_Gear_v1"; „Winding_Planet_Sun_Gear_for_Crank"; „Winding Planets";
2) **Escapement**: „Escapement_Spring"; „Escapement_Anchor"; „Escapement_Balance"; „Escapement_Wheel";
3) **Winding**: „Winding_Drum_with_Ratchet"; „Winding_Planet_Carrier_Cover"; „Winding_Planet_Carrier_Drum"; „Winding_Planet_Crank_Shaft_Gear"; „Winding_Planet_Pawl"; „Winding_Planet_Roller_Bearing";
4) **Weight**: „Weight_Pulley_A"; „Weight_Pulley_B"; „Weight_Pulley Hook" (vedi anche i dettagli sotto)
5) **Frame**: „Frame_Back"; „Frame_Cord_Mount"; „Frame_Front"
6) **Crank**: „Crank_Handle"; „Crank_Handle_Screw"; „Crank_Shaft"; & **Clock_Face_Hand**: „Clock_Face_Hand_Hour"; „Clock_Face_Hand_Minute"; „ Clock_Face_Hand_Second"
7) „Clock_Face_Background"
8) „Clock_Face_Tickmarks"

9.1.3 Suggerimenti sulle impostazioni di affettatura per stampa:

Gears (1):
(**Durata: ca. 10,5 h**)

- Altezza dello strato: 0.2 mm
- ***Colore: ad es. nero***
- Densità del riempimento: 25 %
- Abilita stiratura?: no
- Supporto?: senza
- Tipo di adesione: Skirt (2 Linee, 5 mm di distanza)

Escapement (2):
(**Durata: ca. 2 h**)

- Altezza dello strato: 0.2 mm
- ***Colore: ad es. verde***

- Densità del riempimento: 25 %
- Abilita stiratura?: no
- Supporto?: senza
- Tipo di adesione: Skirt (2 Linee, 5 mm di distanza)

<u>Winding (3):</u>
(Durata: ca. 4 h)

- Altezza dello strato: 0.2 mm
- ***Colore: ad es. oro***
- Densità del riempimento: 25 %
- Abilita stiratura?: no
- Supporto?: senza
- Tipo di adesione: Skirt (2 Linee, 5 mm di distanza)

<u>Weight (4):</u>
(Durata: ca. 0,5 h)

- Altezza dello strato: 0.2 mm
- ***Colore: ad es. verde***
- Densità del riempimento: 25 %
- Abilita stiratura?: no
- Supporto?: senza
- Tipo di adesione: Skirt (2 Linee, 5 mm di distanza)

"Weight_Bucket" & "Weight_Bucket Cover" non saranno stampati, perché viene usato un semplice peso con occhiello. Se non è disponibile un peso con occhiello, ha senso stampare queste due parti in aggiunta! A seconda della variante, alcune parti possono essere rimaste durante l'assemblaggio o non hanno bisogno di essere stampate, ma sono elencate qui. Per il montaggio vedi video del designer (link Thingiverse p. 148).

<u>Frame (5):</u>
(Durata: ca. 6 h)

- Altezza dello strato: 0.2 mm
- ***Colore: ad es. nero***
- Densità del riempimento: 25 %
- Abilita stiratura?: no
- Supporto?: senza

- Tipo di adesione: Skirt (2 Linee, 5 mm di distanza)

Crank & Clock Face Hand (6):
(**Durata: ca. 1,5 h**)

- Altezza dello strato: 0.2 mm
- ***Colore: ad es. oro***
- Densità del riempimento: 25 %
- Abilita stiratura?: no
- Supporto?: senza
- Tipo di adesione: Skirt (2 Linee, 5 mm di distanza)

„Clock Face Background“ ***(7):***
(**Durata: ca. 1 h**)

- Altezza dello strato: 0.2 mm
- ***Colore: ad es. grigio***
- Densità del riempimento: 25 %
- Abilita stiratura?: no
- Supporto?: senza
- Tipo di adesione: Skirt (2 Linee, 5 mm di distanza)

„Clock Face Tickmarks“ ***(8):***
(**Durata: ca. 1 h**)

- Altezza dello strato: 0.2 mm
- ***Colore: ad es. verde***
- Densità del riempimento: 25 %
- Abilita stiratura?: no
- Supporto?: senza
- Tipo di adesione: Skirt (2 Linee, 5 mm di distanza)

9.1.4 Posizionamento sul piano di stampa (per stampa):

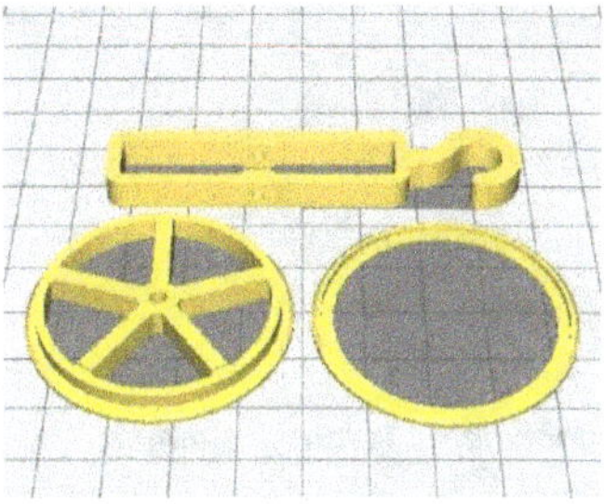

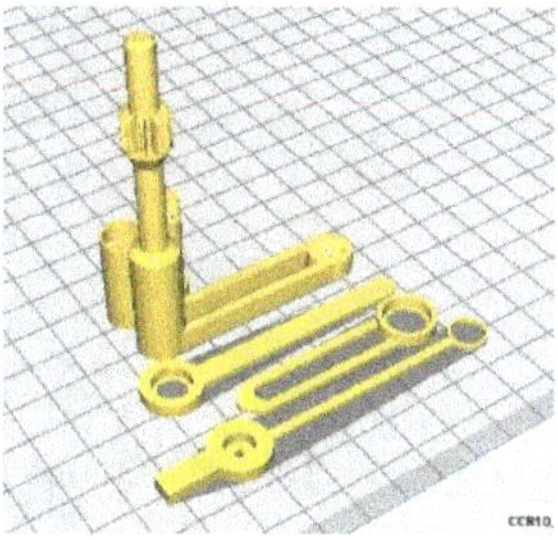

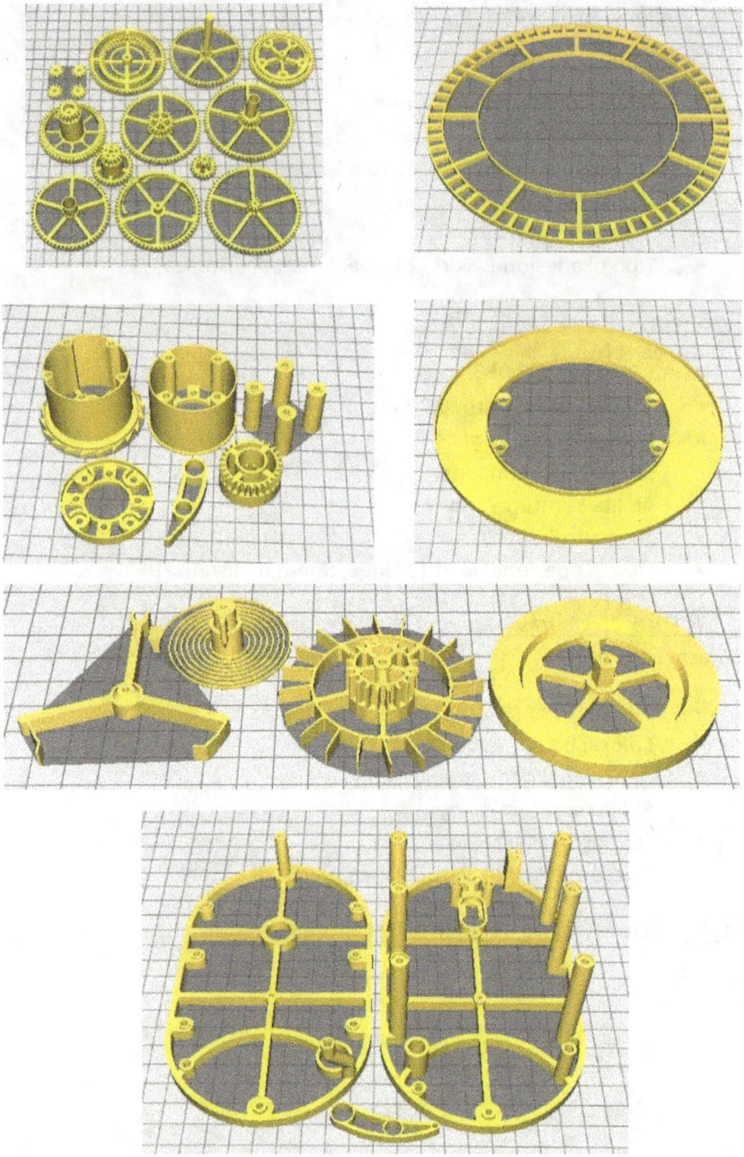

Figura 78: Lavori di stampa (1 immagine = 1 lavoro di stampa)

9.2 Lampada Luxo Jr. (Pixar)

9.2.1 Descrizione:

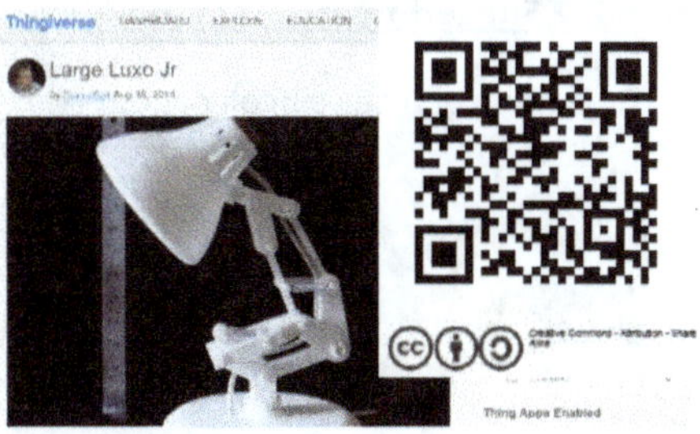

Difficoltà*:
Durata: **ca. 35 h**
Materiale: **ca. 431 g**

Scaricare gratis: Thingiverse
Ricerca per: „large luxo jr"
Designer: „DanielBull"
Link: https://www.thingiverse.com/thing:432648
Materiale addizionale: varie molle di tensione, (tasca) lampada

* (su)

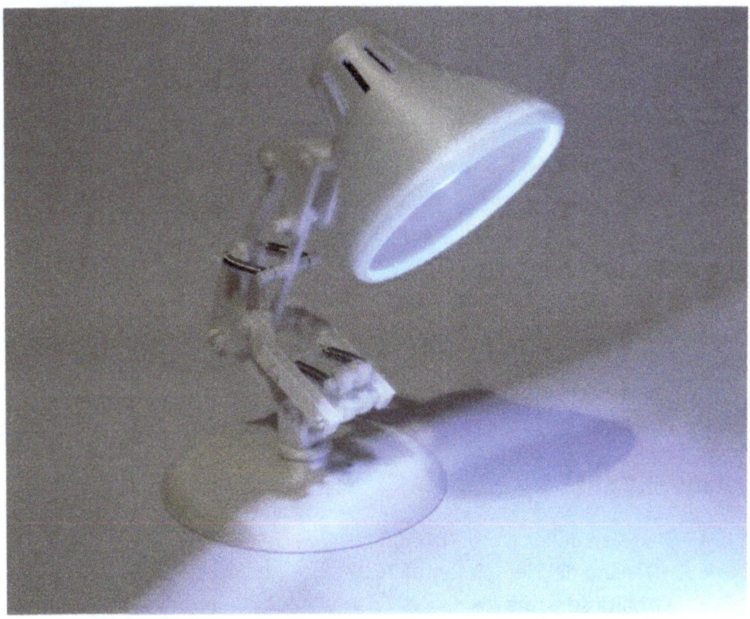

9.2.2 Suggerimenti per la modifica e il posizionamento:

Rotazione di tutti i singoli oggetti come nella vista della *Fig. 79:*

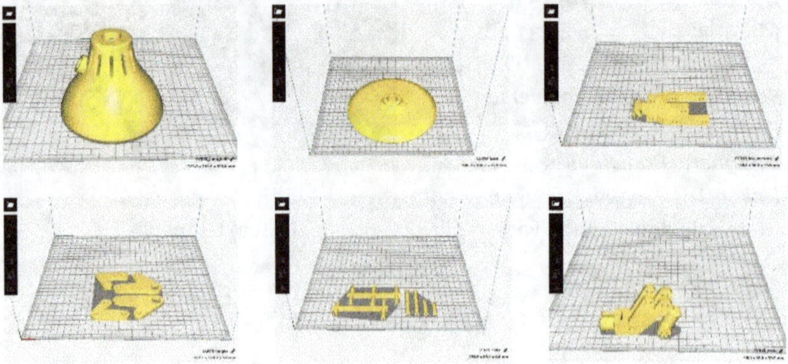

Figura 79: Vista di tutti i file da stampare (1x volte ciascuno)

9.2.3 Combinazione per lavoro di stampa (o singolo):

1) „lamp_bell"***(ad es. bianco)***
2) „base" ***(ad es. bianco)***
3) „box_sections" ***(ad es. bianco)***
4) „hinges"***(ad es. bianco)***
5) „links" & „rods" ***(ad es. bianco)***
6) „neck" & „stem"***(ad es. bianco)***

9.2.4 Suggerimenti sulle impostazioni di affettatura per stampa:

„lamp_bell":
(**Durata: ca. 12,5 h**)

- Altezza dello strato: 0.16 mm
- Densità del riempimento: 20 %
- Abilita stiratura?: si
- **Supporto?: si (angolo: 60°, densità: 15 %) vedi *Fig. 80***
- **Tipo di adesione: Brim (Larghezza: 6 mm; Linee: 15; interno: si)**

„base“:
(**Durata: ca. 10 h**)

- Altezza dello strato: 0.16 mm
- Densità del riempimento: 25 %
- Abilita stiratura?: si
- Supporto?: no
- Tipo di adesione: Skirt (2 Linee, 5 mm di distanza)

„box sections“:
(**Durata: ca. 3 h**)

- Altezza dello strato: 0.16 mm
- Densità del riempimento: 35 %
- Abilita stiratura?: si
- Supporto?: no
- Tipo di adesione: Skirt (2 Linee, 5 mm di distanza)

„hinges“:
(**Durata: ca. 3 h**)

- Altezza dello strato: 0.16 mm
- Densità del riempimento: 35 %
- Abilita stiratura?: si
- Supporto?: no
- Tipo di adesione: Skirt (2 Linee, 5 mm di distanza)

„links“ & „rods“:
(**Durata: ca. 2,5 h**)

- Altezza dello strato: 0.16 mm
- Densità del riempimento: 40 %
- Abilita stiratura?: si
- Supporto?: no
- Tipo di adesione: Skirt (2 Linee, 5 mm di distanza)

„neck“ & „stem“:
(**Durata: ca. 4 h**)

- Altezza dello strato: 0.16 mm
- Densità del riempimento: 50 %
- Abilita stiratura?: si

- Supporto?: no
- Tipo di adesione: Skirt (2 Linee, 5 mm di distanza)

9.2.5 Posizionamento sul piano di stampa (per stampa):

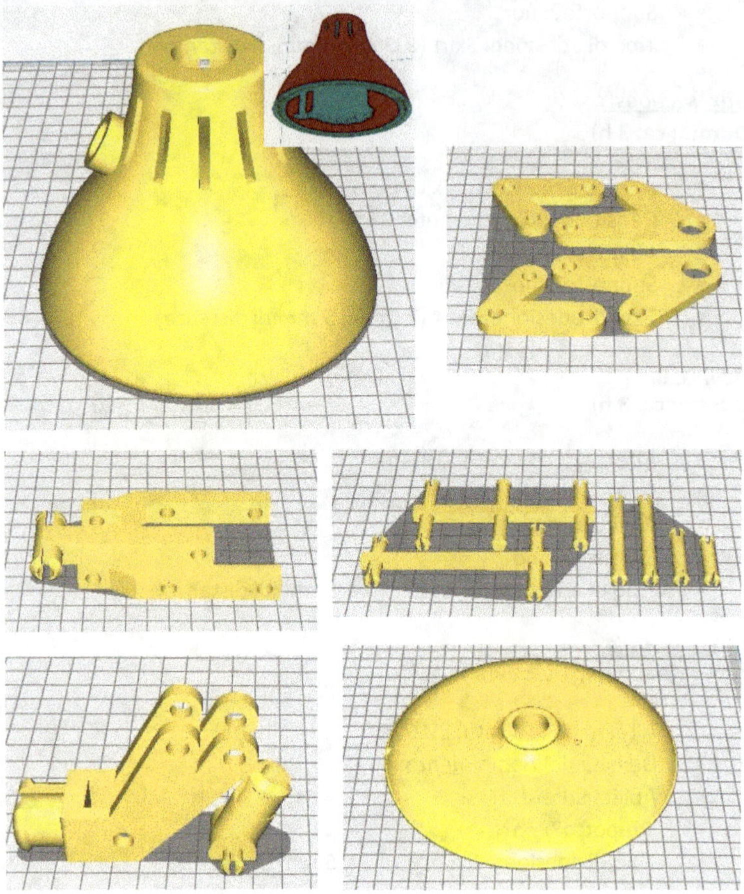

Figura 80: Lavori di stampa (1 immagine = 1 lavoro di stampa)

10 Oggetti divertenti e altro

10.1 Cryptex

10.1.1 Descrizione:

Difficoltà*:
Durata: **ca. 34 h**
Materiale: **ca. 307 g**

Scaricare gratis: Thingiverse
Ricerca per: „10 letter cryptex"
Designer: „MasonStonehenge"
Link: https://www.thingiverse.com/thing:3074829
Materiale addizionale: ---

* (su)

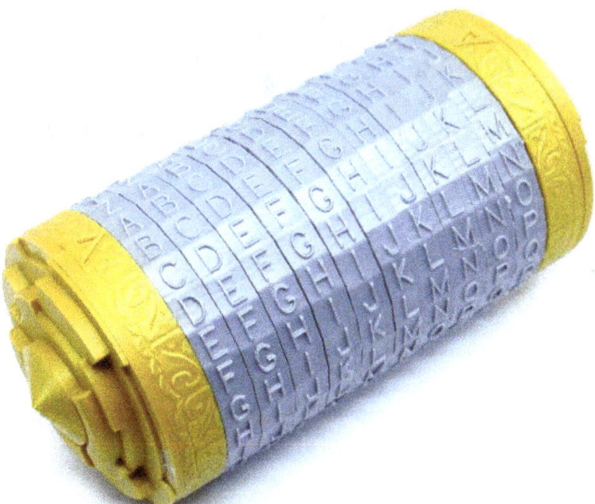

10.1.2 Suggerimenti per la modifica e il posizionamento:

Rotazione di tutti i singoli oggetti come nella vista della *Fig. 81:*

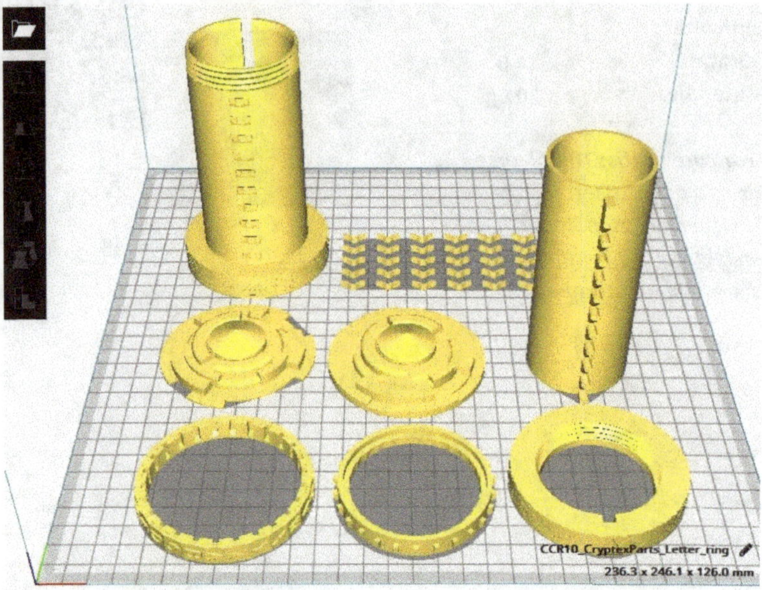

Figura 81: Vista di tutti i file da stampare (1x dargestellt)

10.1.3 Combinazione per lavoro di stampa (o singolo):

1) „Outer Core" & „Inner Core" ***(Colore: ad es. oro)***
2) „Letter rings" 10x ***(Colore: ad es. grigio)***
3) „Letter encoding rings" ***(Colore: ad es. grigio)***
4) „Outer Core decorative top" & „Inner Core decorative top" & „Outer Core retainer"***(Colore: ad es. oro)***
5) „Springs"***(Colore: ad es. grigio)***

10.1.4 Suggerimenti sulle impostazioni di affettatura per stampa:

„Outer Core" & „Inner Core":
(**Durata: ca. 10,5 h**)

- Altezza dello strato: 0.16 mm
- Densità del riempimento: 20%
- Abilita stiratura?: no
- Supporto?: senza
- Tipo di adesione: Brim (Larghezza: 8 mm; Linee: 20; interno: si)

„Letter rings“:
(Durata: totale ca. 11 h)

- **Numero: 10 pezzi (5 per lavoro di stampa)**
- Altezza dello strato: 0.16 mm
- Densità del riempimento: 20%
- Abilita stiratura?: no
- Supporto?: senza
- Tipo di adesione: Skirt (2 Linee, 5 mm di distanza)

„Letter encoding rings“:
(Durata: totale ca. 7 h)

- **Numero: 10 pezzi (5 per lavoro di stampa)**
- Altezza dello strato: 0.16 mm
- Densità del riempimento: 20%
- Abilita stiratura?: no
- Supporto?: senza
- Tipo di adesione: Brim (Larghezza: 4 mm; Linee: 10; interno: si)

„Outer Core decorative top“ & „Inner Core decorative top“ & „Outer Core retainer“
(Durata: totale ca. 5 h)

- Altezza dello strato: 0.16 mm
- Densità del riempimento: 20%
- Abilita stiratura?: si
- Supporto?: senza
- Tipo di adesione: Skirt (2 Linee, 5 mm di distanza)

„Springs“:
(Durata: totale ca. 0,5 h)

- **Numero: 30 pezzi (uno lavoro di stampa)**
- Altezza dello strato: 0.16 mm
- Densità del riempimento: 40%
- Abilita stiratura?: no
- Supporto?: senza
- Tipo di adesione: Brim (Larghezza: 4 mm; Linee: 10; interno: si)

10.1.5 Posizionamento sul piano di stampa (per stampa):

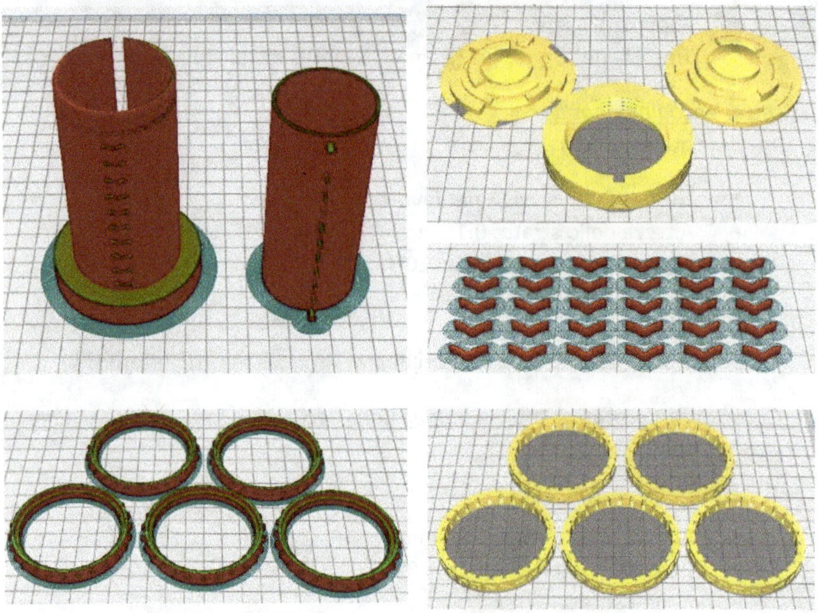

Figura 82: Lavori di stampa (1 immagine = 1 lavoro di stampa)

Quando si montano le "molle" e gli anelli devono essere fissati in parte con forza o, se necessario, stampare di nuovo in scala 1 % più piccola!

10.2 Api Hotel

10.2.1 Descrizione:

Difficoltà*:
Durata: **ca. 5 h**
Materiale: **ca. 49 g**

Scaricare gratis: Thingiverse
Ricerca per: „bee hotel"
Designer: „godorowski"
Link: https://www.thingiverse.com/thing:3052138
Materiale addizionale: una vite per il fissaggio

* (su)

10.2.2 Suggerimenti per la modifica e il posizionamento:

„Bee_Hotel“ come nella *Fig. 83:*

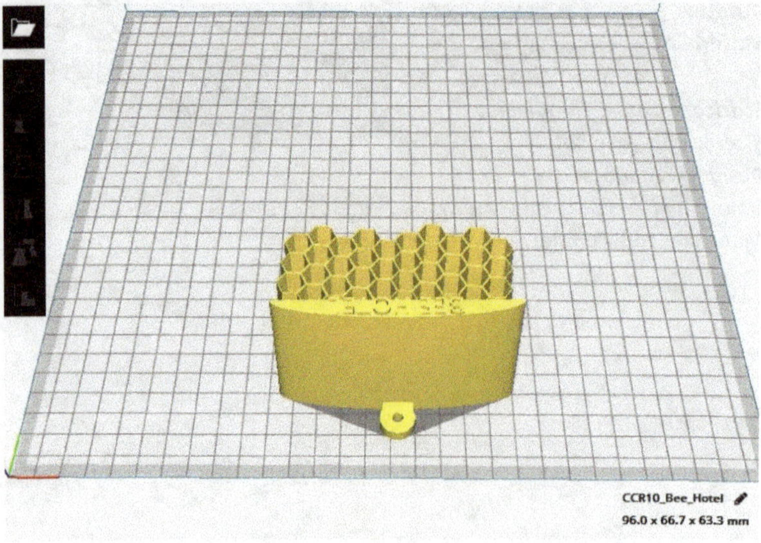

Figura 83: Vista di tutti i file da stampare (1x volte ciascuno)

10.2.3 Suggerimenti sulle impostazioni di affettatura per stampa:

„Bee Hotel“:
(Durata: ca. 5 h)

- **Colore: ad es. oro**
- Altezza dello strato: 0.2 mm
- Densità del riempimento: 20%
- Abilita stiratura?: si
- Supporto?: senza
- Tipo di adesione: Skirt (2 Linee, 5 mm di distanza)

10.3 Farfalla (mobile)

10.3.1 Descrizione:

Difficoltà*:
Durata: ca. 4 h
Materiale: ca. 28 g

Scaricare gratis: Thingiverse
Ricerca per: „articulated butterfly"
Designer: „8ran"
Link: https://www.thingiverse.com/thing:2810756
Materiale addizionale: ---

* (su)

10.3.2 Suggerimenti per la modifica e il posizionamento:

Posizionamento sul piano di stampa come nella *Fig. 84:*

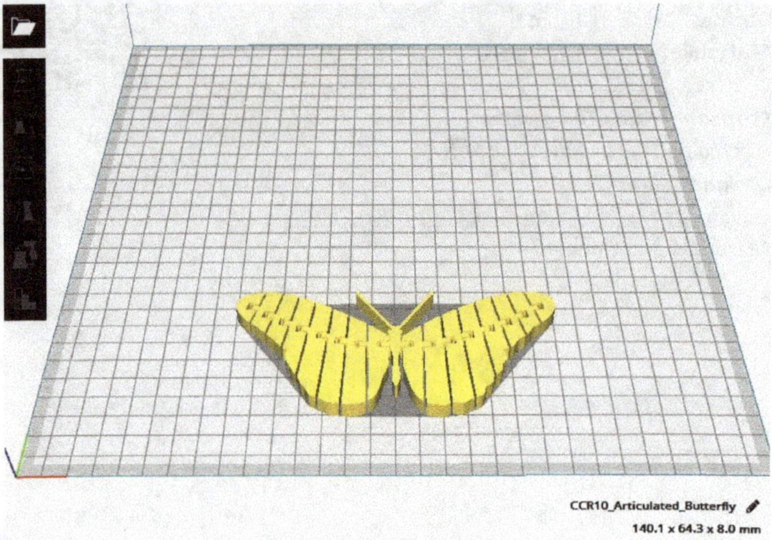

Figura 84: Vista di tutti i file da stampare (1x volte ciascuno)

10.3.3 Suggerimenti sulle impostazioni di affettatura per stampa:

„Articulated Butterfly":
(Durata: ca. 4 h)

- **Colore: ad es. oro**
- Altezza dello strato: 0.16 mm
- Densità del riempimento: 20 %
- Abilita stiratura?: si
- Supporto?: senza
- Tipo di adesione: Skirt (2 Linee, 5 mm di distanza)

10.4 Scatola regalo (chiudibile a chiave)

10.4.1 Descrizione:

Difficoltà*:
Durata: **ca. 11,5 h**
Materiale: **ca. 86 g**

Scaricare gratis: Thingiverse
Ricerca per: „lockable present"
Designer: „jijimath"
Link: https://www.thingiverse.com/thing:191974
Materiale addizionale: ---

* (su)

10.4.2 Suggerimenti per la modifica e il posizionamento:

Rotazione di tutti i singoli oggetti come nella vista della *Fig. 85:*

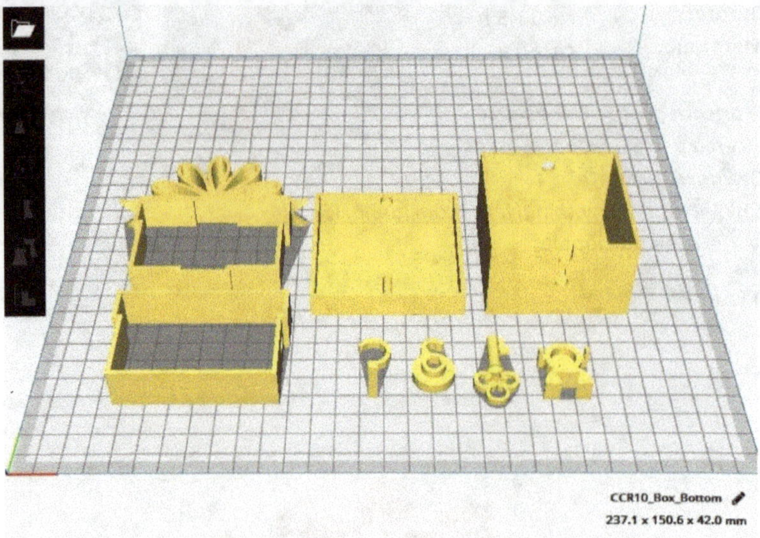

Figura 85: Vista di tutti i file da stampare (1x volte ciascuno)

10.4.3 Combinazione per lavoro di stampa (o singolo):

1) „Box_Bottom" & „Box_Lid" ***(Colore: ad es. oro)***
2) „Branch_Hook" & „key" & „Lock_Clasp" & „Lock_Socket" ***(Colore: ad es. grigio)***
3) „Ribbon_Part_1" & „Ribbon_Part_2" ***(Colore: ad es. rosso)***

10.4.4 Suggerimenti sulle impostazioni di affettatura per stampa:

„Box_Bottom" & „Box_Lid":
(**Durata: ca. 6,5 h**)

- Altezza dello strato: 0.16 mm
- Densità del riempimento: 20%
- Abilita stiratura?: si
- Supporto?: no
- Tipo di adesione: Skirt (2 Linee, 5 mm di distanza)

„Branch Hook" & „key" & „Lock Clasp" & „Lock Socket":
(Durata: ca. 1 h)

- Altezza dello strato: 0.16 mm
- Densità del riempimento: 70 %
- Abilita stiratura?: si
- **Supporto?: si (angolo: 60°, densità: 15 %) vedi *Fig. 86***
- Tipo di adesione: Brim (Larghezza: 6 mm; Linee: 15; interno: si)

„Ribbon Part 1" & „Ribbon Part 2:
(Durata: ca. 4 h) | eventualmente scala 1 -2 % più grande, se troppo piccola

- Altezza dello strato: 0.16 mm
- Densità del riempimento: 25 %
- Abilita stiratura?: si
- Supporto?: no
- Tipo di adesione: Skirt (2 Linee, 5 mm di distanza)

10.4.5 Posizionamento sul piano di stampa (per stampa):

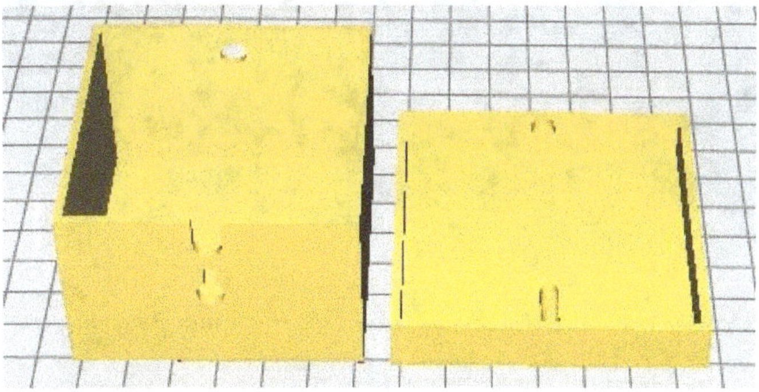

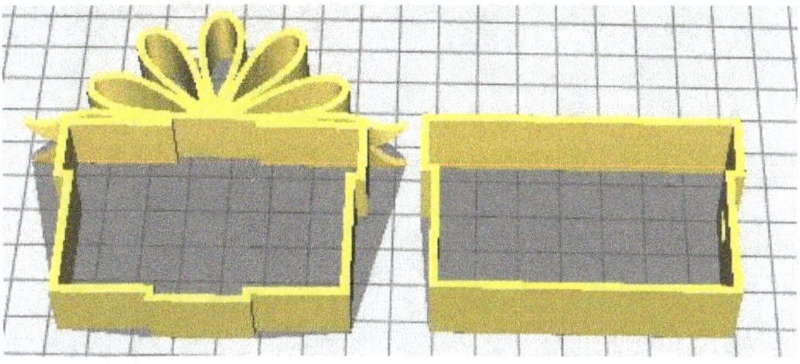

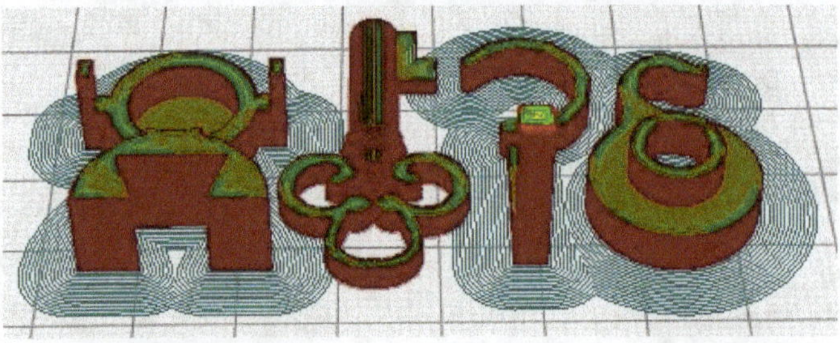

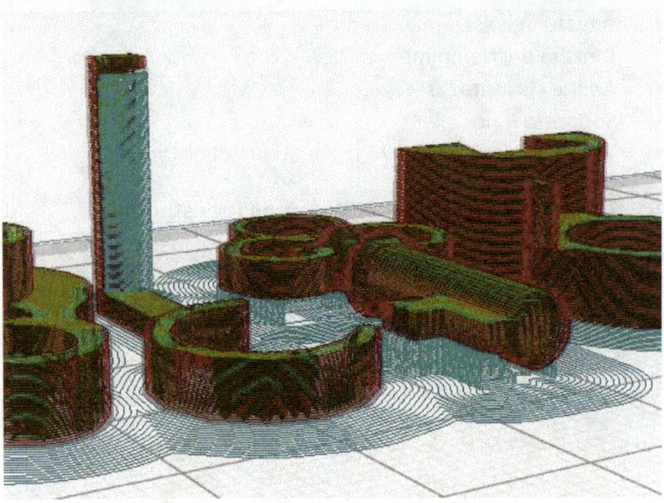

Figura 86: Lavori di stampa (1 immagine = 1 lavoro di stampa)

10.5 Mini catapulta

10.5.1 Descrizione:

Difficoltà*:
Durata: ca. 1,5 h
Materiale: ca. 10 g

Scaricare gratis: Thingiverse
Ricerca per: „micro catapult"
Designer: „LukeTansell"
Link: https://www.thingiverse.com/thing:1763518/files
Materiale addizionale: ---

* (su)

10.5.2 Suggerimenti per la modifica e il posizionamento:

Posizionamento sul piano di stampa come nella *Fig. 87:*

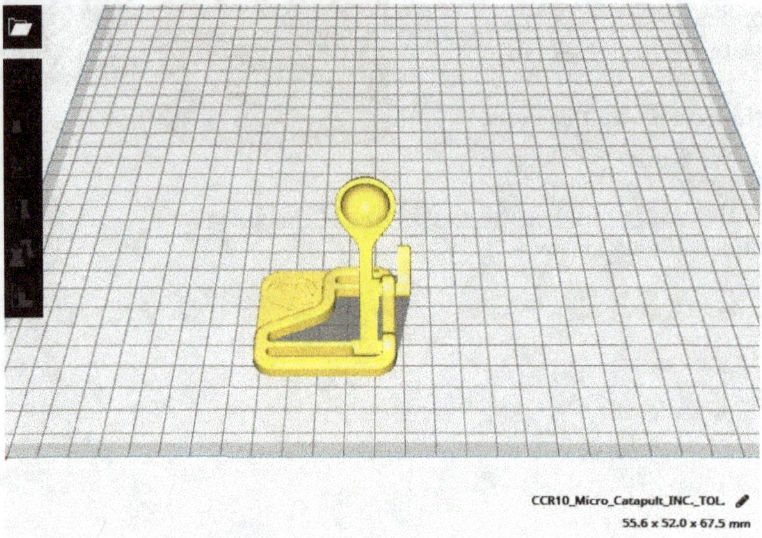

Figura 87: Vista di tutti i file da stampare (1x volte ciascuno)

10.5.3 Suggerimenti sulle impostazioni di affettatura per stampa:

„Micro Catapult INC. TOL.":
(Durata: ca. 1,5 h)

- **Colore: ad es. blu**
- Altezza dello strato: 0.2 mm
- Densità del riempimento: 20 %
- Abilita stiratura?: si
- Supporto?: senza
- Tipo di adesione: Skirt (2 Linee, 5 mm di distanza)

10.6 Portachiavi: Cuore

10.6.1 Descrizione:

Difficoltà*:
Durata: **ca. 1,5 h**
Materiale: **ca. 8 g**

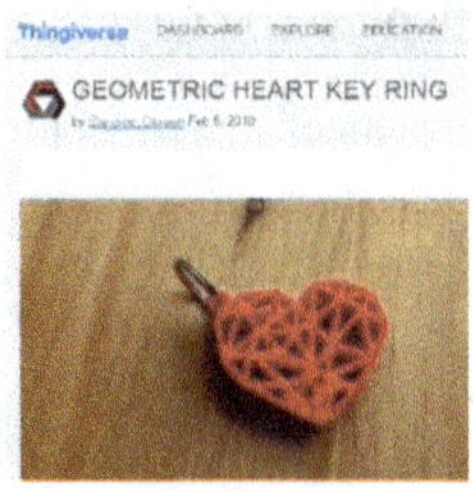

Creative Commons - Attribution

Scaricare gratis: Thingiverse
Ricerca per: „heart key ring"
Designer: „Candice_Coreen"
Link: https://www.thingiverse.com/thing:2782690
Materiale addizionale: ---

* (su)

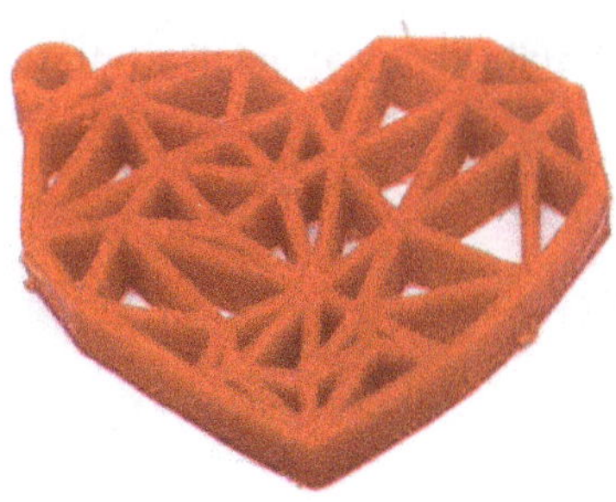

10.6.2 Suggerimenti per la modifica e il posizionamento:

Rotazione di tutti i singoli oggetti come nella vista della *Fig. 88:*

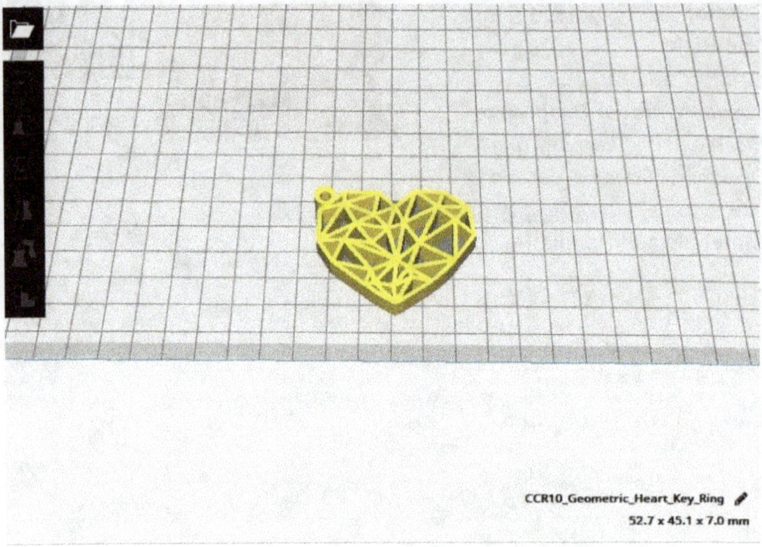

Figura 88: Vista di tutti i file da stampare (1x volte ciascuno)

10.6.3 Suggerimenti sulle impostazioni di affettatura per stampa:

„Geometric Heart Key Ring":
(**Durata: ca. 1,5 h**)

- **Colore: ad es. rosso**
- Altezza dello strato: 0.12 mm
- Densità del riempimento: 100 %
- Abilita stiratura?: si
- Supporto?: no
- Tipo di adesione: Skirt (2 Linee, 5 mm di distanza)

10.7 Cuscinetto a sfera (funzionale)

10.7.1 Descrizione:

Difficoltà*: +
Durata: ca. 2,5 h
Materiale: ca. 28 g

Scaricare gratis: Thingiverse
Ricerca per: „ball bearing"
Designer: „barspin"
Link: https://www.thingiverse.com/thing:143467/files
Materiale addizionale: ---

* (su)

10.7.2 Suggerimenti per la modifica e il posizionamento:

Rotazione di tutti i singoli oggetti come nella vista della *Fig. 89:*

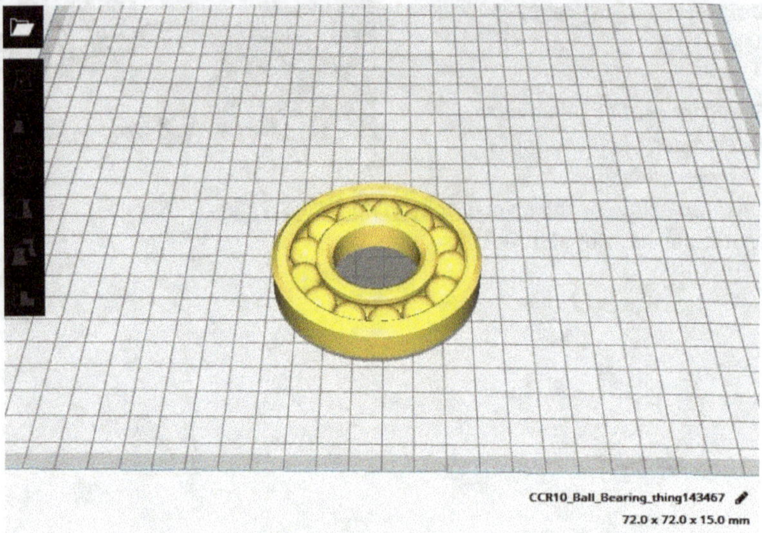

Figura 89: Vista di tutti i file da stampare (1x volte ciascuno)

10.7.3 Suggerimenti sulle impostazioni di affettatura per stampa:

„Ball Bearing.A.3":
(**Durata: ca. 2,5 h**)

- **Colore: ad es. verde**
- Altezza dello strato: 0.16 mm
- Densità del riempimento: 20 %
- Abilita stiratura?: si
- Supporto?: no
- Tipo di adesione: Skirt (2 Linee, 5 mm di distanza)

11 Parole di chiusura

Questo ci porta alla fine dei progetti di stampa 3D. Ma ora è il momento di mettersi al lavoro sulla stampante e implementare un sacco di grandi idee!

Se ti è piaciuto questo libro, sentiti libero di raccomandarlo ai tuoi amici e diventare parte della crescente comunità di stampa 3D o scrivere una recensione su questo libro.

Nell'appendice troverete anche le impostazioni generali del profilo di stampa utilizzato (software di affettatura: Cura, stampante 3D: CR-10. Le impostazioni sono state appositamente adattate alla prima serie della stampante 3D CR-10.

Appendice: Impostazioni del profilo di stampa 3D

Scaricabile gratuitamente su www.3ddruckworkshop.de/startpaket !

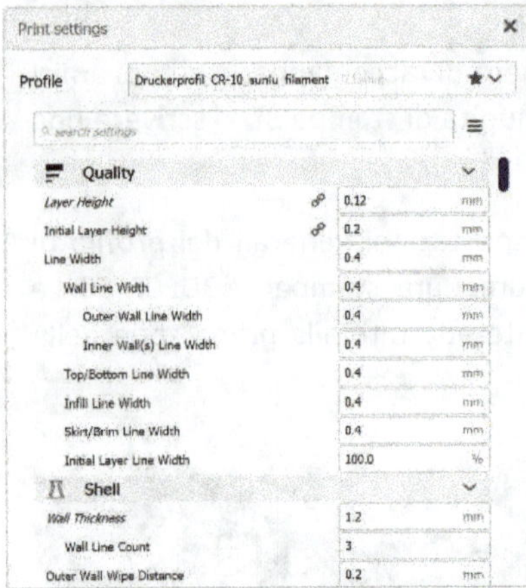

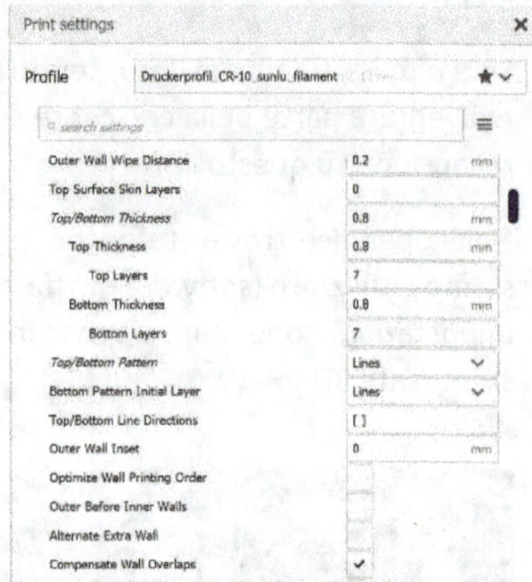

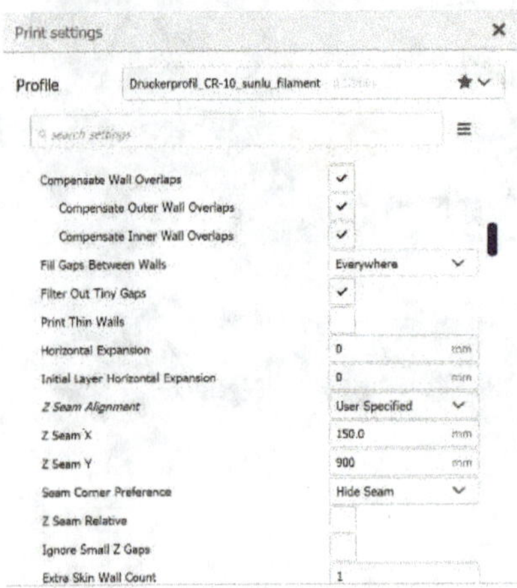

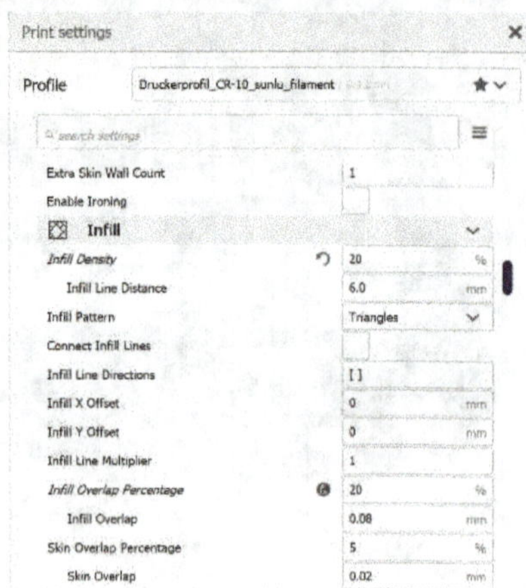

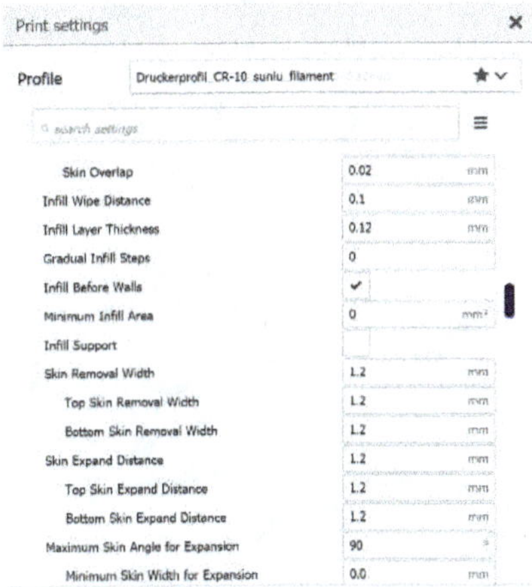
Print settings
Profile
Druckerprofil_CR-10_sunlu_filament
search settings
Skin Overlap 0.02 mm
Infill Wipe Distance 0.1 mm
Infill Layer Thickness 0.12 mm
Gradual Infill Steps 0
Infill Before Walls
Minimum Infill Area 0 mm²
Infill Support
Skin Removal Width 1.2 mm
Top Skin Removal Width 1.2 mm
Bottom Skin Removal Width 1.2 mm
Skin Expand Distance 1.2 mm
Top Skin Expand Distance 1.2 mm
Bottom Skin Expand Distance 1.2 mm
Maximum Skin Angle for Expansion 90
Minimum Skin Width for Expansion 0.0 mm

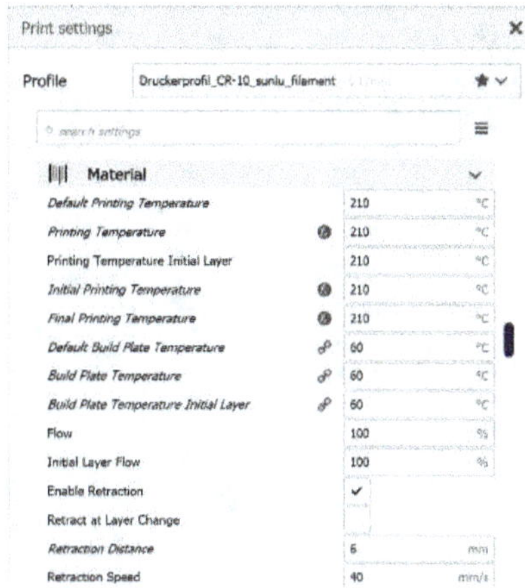
Print settings
Profile
Druckerprofil_CR-10_sunlu_filament
search settings
Material
Default Printing Temperature 210 °C
Printing Temperature 210 °C
Printing Temperature Initial Layer 210 °C
Initial Printing Temperature 210 °C
Final Printing Temperature 210 °C
Default Build Plate Temperature 60 °C
Build Plate Temperature 60 °C
Build Plate Temperature Initial Layer 60 °C
Flow 100 %
Initial Layer Flow 100 %
Enable Retraction
Retract at Layer Change
Retraction Distance 6 mm
Retraction Speed 40 mm/s

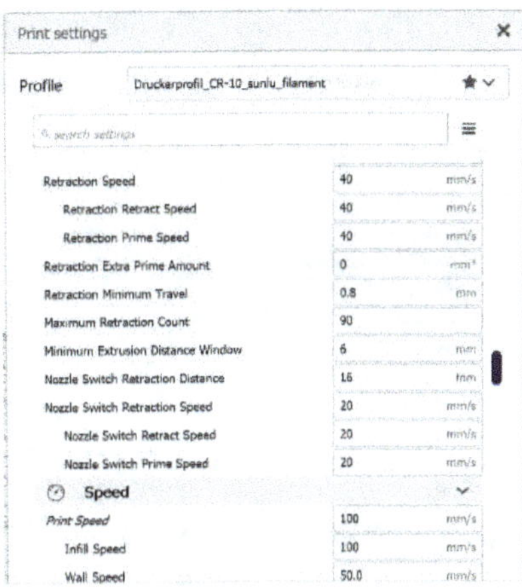
Print settings
Profile
Druckerprofil_CR-10_sunlu_filament
search settings
Retraction Speed 40 mm/s
Retraction Retract Speed 40 mm/s
Retraction Prime Speed 40 mm/s
Retraction Extra Prime Amount 0 mm³
Retraction Minimum Travel 0.8 mm
Maximum Retraction Count 90
Minimum Extrusion Distance Window 6 mm
Nozzle Switch Retraction Distance 16 mm
Nozzle Switch Retraction Speed 20 mm/s
Nozzle Switch Retract Speed 20 mm/s
Nozzle Switch Prime Speed 20 mm/s
Speed
Print Speed 100 mm/s
Infill Speed 100 mm/s
Wall Speed 50.0 mm/s

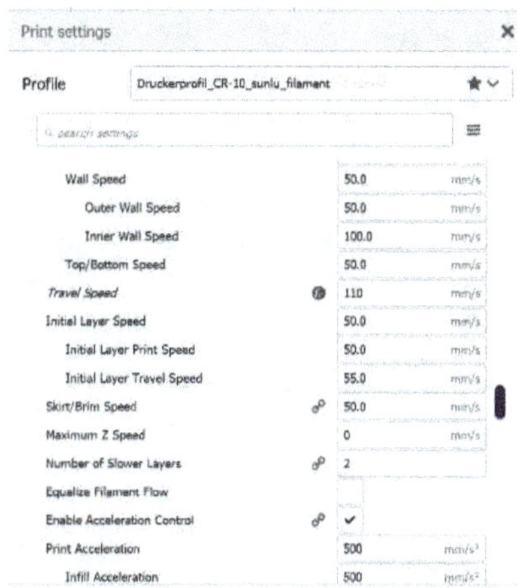
Print settings
Profile
Druckerprofil_CR-10_sunlu_filament
search settings
Wall Speed 50.0 mm/s
Outer Wall Speed 50.0 mm/s
Inner Wall Speed 100.0 mm/s
Top/Bottom Speed 50.0 mm/s
Travel Speed 110 mm/s
Initial Layer Speed 50.0 mm/s
Initial Layer Print Speed 50.0 mm/s
Initial Layer Travel Speed 55.0 mm/s
Skirt/Brim Speed 50.0 mm/s
Maximum Z Speed 0 mm/s
Number of Slower Layers 2
Equalize Filament Flow
Enable Acceleration Control
Print Acceleration 500 mm/s²
Infill Acceleration 500 mm/s²

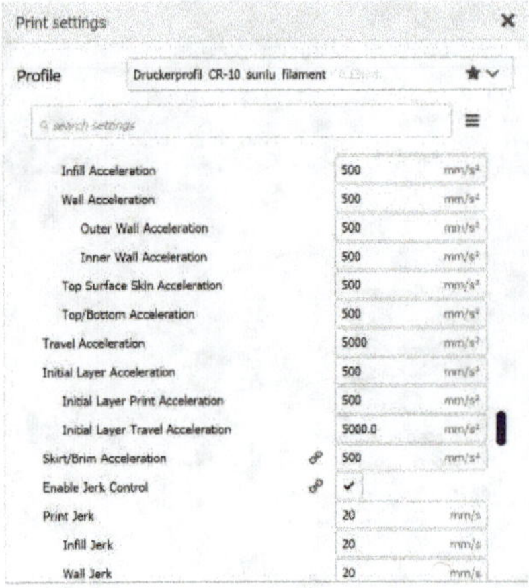
Print settings
Profile
Druckerprofil_CR-10_sunlu_filament
search settings
Infill Acceleration 500 mm/s²
Wall Acceleration 500 mm/s²
Outer Wall Acceleration 500 mm/s²
Inner Wall Acceleration 500 mm/s²
Top Surface Skin Acceleration 500 mm/s²
Top/Bottom Acceleration 500 mm/s²
Travel Acceleration 5000 mm/s²
Initial Layer Acceleration 500 mm/s²
Initial Layer Print Acceleration 500 mm/s²
Initial Layer Travel Acceleration 5000.0 mm/s²
Skirt/Brim Acceleration 500 mm/s²
Enable Jerk Control
Print Jerk 20 mm/s
Infill Jerk 20 mm/s
Wall Jerk 20 mm/s

Print settings
Profile
Druckerprofil_CR-10_sunlu_filament
search settings
Wall Jerk 20 mm/s
Outer Wall Jerk 20 mm/s
Inner Wall Jerk 20 mm/s
Top/Bottom Jerk 20 mm/s
Travel Jerk 30 mm/s
Initial Layer Jerk 20 mm/s
Initial Layer Print Jerk 20 mm/s
Initial Layer Travel Jerk 30.0 mm/s
Skirt/Brim Jerk 20 mm/s
Travel
Combing Mode Within Infill
Retract Before Outer Wall
Avoid Printed Parts When Traveling
Avoid Supports When Traveling

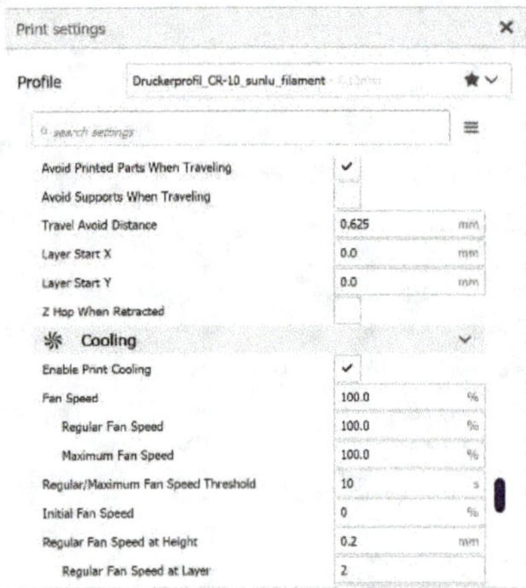
Print settings
Profile
Druckerprofil_CR-10_sunlu_filament
search settings
Avoid Printed Parts When Traveling
Avoid Supports When Traveling
Travel Avoid Distance 0.625 mm
Layer Start X 0.0 mm
Layer Start Y 0.0 mm
Z Hop When Retracted
Cooling
Enable Print Cooling
Fan Speed 100.0 %
Regular Fan Speed 100.0 %
Maximum Fan Speed 100.0 %
Regular/Maximum Fan Speed Threshold 10 s
Initial Fan Speed 0 %
Regular Fan Speed at Height 0.2 mm
Regular Fan Speed at Layer 2

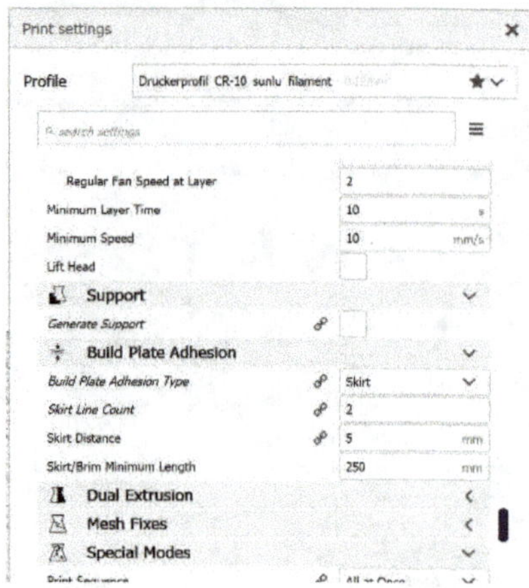
Print settings
Profile
Druckerprofil_CR-10_sunlu_filament
search settings
Regular Fan Speed at Layer 2
Minimum Layer Time 10 s
Minimum Speed 10 mm/s
Lift Head
Support
Generate Support
Build Plate Adhesion
Build Plate Adhesion Type Skirt
Skirt Line Count 2
Skirt Distance 5 mm
Skirt/Brim Minimum Length 250 mm
Dual Extrusion
Mesh Fixes
Special Modes

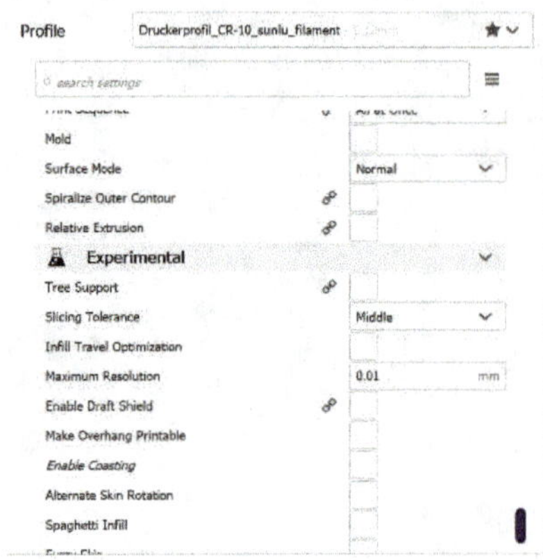
Profile
Druckerprofil_CR-10_sunlu_filament
search settings
Mold
Surface Mode Normal
Spiralize Outer Contour
Relative Extrusion
Experimental
Tree Support
Slicing Tolerance Middle
Infill Travel Optimization
Maximum Resolution 0.01 mm
Enable Draft Shield
Make Overhang Printable
Enable Coasting
Alternate Skin Rotation
Spaghetti Infill

Potresti anche essere interessato a questi libri

www.ingramcontent.com/pod-product-compliance
Lightning Source LLC
LaVergne TN
LVHW010751051026
849532LV00007B/2324